天文宇宙検定

公式テキスト

2023・2024年版

天文宇宙検定委員会 編

星空博士

3級

恒星社厚生閣

天文宇宙検定 とは

　科学は本来楽しいものです。楽しさは、意外性、物語性、関係性、歴史性、予言力、洞察力、発展性などが、具体的なものを通じて語られる必要があります。そして何よりも、それを伝える人が楽しまなければなりません。人と人が接し合って伝え合うことの大切さを見直してみる必要があるでしょう。

　宇宙とか天文は、科学をけん引していく重要な分野です。天文宇宙検定は、単に知識の有無を検定するのではなく、「楽しく」、「広がりを持つ」、「考えることを通じて何らかの行動を起こすきっかけをつくる」検定でありたいと願っています。

　個人の楽しみだけに閉じず、多くの市民に広がり、生きた科学に生身で接する検定を目指しておりますので、みなさまのご支援をよろしくお願いいたします。

総合研究大学院大学名誉教授

池内　了

天文宇宙検定

CONTENTS

天文宇宙検定3級公式テキスト 2023〜2024年版　正誤表（2024/9/13更新）

ページ	箇所	誤	正
カバー折返し	全天の1等星一覧	リギル・ケンタウルス	ケンタウルス座α星
p. 15	図表1-8	アークトゥルス（うしかい座α星／α Boo） 熊を追うもの（ギリシャ語） -0.05 ／ リギル・ケンタウルス（ケンタウルス座α星／α Cen） ケンタウルスの足（アラビア語） -0.01	ケンタウルス座α星（α Cen） ―（固有名称） -0.27 ／ アークトゥルス（うしかい座α星／α Boo） 熊を追うもの（ギリシャ語） -0.05
p. 17	Question5	「地球」という言葉は、どんな人がつくったか？	「惑星」という言葉は、どんな人がつくったか？
p. 17	おまけコラム	淮南時（えなんじ）	淮南子（えなんじ）
p. 18	Answer5 2文目	地球という表現は日本発祥（はっしょう）だが、中国でも使われている。	惑星（わくせい）という表現は日本発祥（はっしょう）で、中国では行星という語が用いられる。
p. 18	Answer10 1文目	（推奨される）（しょうれい）	（推奨される）（すいしょう）
p. 25	天の南極を中心とした星座図		
p. 31	1行目	天頂距離（てんちょうきょり）クシー という	天頂距離（てんちょうきょり）ジータ という
p. 34	Answer9 3文目	どちらも星座（せいざい）ではない。	どちらも星座（せいざ）ではない。
p. 45	傍注 南半球の星座 最行	上下逆に見える	上下左右逆に見える
p. 46	傍注 カノープス	日本では緯度（いど）が低くて	日本では高度が低くて
p 48・52・58・117・118・120・125・126		旧ソ連（現ロシア）／ソ連（現在のロシア）	ソ連
p. 50-51	p. 50 左上白枠 引出線	p. 50 左上白枠から月面上へ延びる引出線は、アポロ11号の月面着陸地点を示している。アポロ17号の着陸地点は図表4-15（p. 60）参照。	
p. 61	コラム本文 2行目	誕生仮設	誕生仮説
p. 67	Question6	首振り運動運動のことを何というか。	首振り運動のことを何というか。
p. 74	惑星に関する基礎データ表	「質量」と「赤道重力」は地球との比較なので、それぞれ「質量（地球＝1）」「赤道重力（地球＝1）」と表示	
p. 83	Question6	彗星（わくせい）は何でできているか。	彗星（すいせい）は何でできているか。
p. 84	Answer6	氷と塵（ちま）が混じった汚（よご）れた雪玉	氷と塵（ちりま）が混じった汚（よご）れた雪玉
p. 101	ページ右上 2カ所	GAIA衛星	Gaia衛星
p. 111 p. 112	Question6 Answer6	佐原（さはら）	佐原（さわら）
p. 111 p. 112	Question8 Answer8	著し（しる）	著し（あらわ）
p. 112	Answer7 下から4行目	凸レンズ（おう）	凸レンズ（とつ）
p. 112	Answer9	ジェイムズ・ウェブ宇宙望遠鏡	ジェイムズ・ウェップ宇宙望遠鏡
p. 115	下から2行目	ジェームズ・ウェブ宇宙望遠鏡	ジェイムズ・ウェップ宇宙望遠鏡
p. 120	本文 下から11行目	HⅡAロケット	H－ⅡAロケット
p. 127	オゾン層 2段目1行目	酸素の同位体（どういたい）である。	酸素の同位体（どういたい）である。
p. 130	年周視差 下から13行目	年周視差（しゅうねん）	年周視差（ねんしゅう）

5　太陽系の仲間たち

6　太陽系の彼方には何がある

7　天文学の歴史

8　そして宇宙へ

1章

TEXTBOOK FOR ASTRONOMY-SPACE TEST

～星の名前七不思議～

★ 日食・月食・惑星の太陽面通過

日食・月食・惑星の太陽面通過などの天体ショーは、その見た目だけでなく、われ
われにダイナミックな天体の動きを感じさせる。

皆既日食時に地球に映る月の影を宇宙ステーション・ミール（ロシア）からとらえた一枚　©AKG/PPS通信社

©SPL/PPS通信社

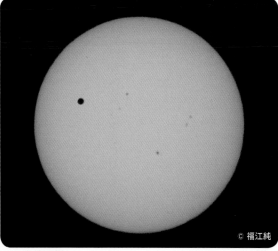

© 福江純

金星の太陽面通過（上）。黒く丸い点が太陽の前を通過する金星。皆既月食
をとらえた連続写真（左）。地球の影の直径が月の約4倍であることがわかる。
観測機器が発達していなかった時代には、身近な天文現象である月食や惑星
の太陽面通過を使い、地球の大きさや太陽と地球の距離などを求めていた。

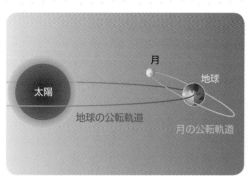

皆既日食

© Alamy/PPS

© 国立天文台 天文情報センター

地球の公転軌道に対して月の公転軌道はおよそ 5°傾いている（上；月の公転軌道をわかりやすく誇張したイメージ図）。横からみて太陽・月・地球が一直線に並ばないと日食は起こらない。太陽が完全に隠されるのは皆既日食（右）、太陽が一部のみ隠されるのは部分日食というが、皆既日食の前後には、隠れずに残った部分をダイヤモンドに見立てた「ダイヤモンドリング」が見られる（右上）。

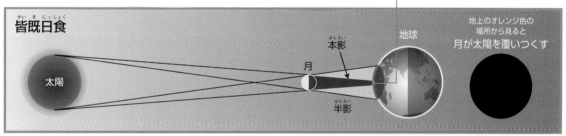

皆既日食

地上のオレンジ色の
場所から見ると
月が太陽を覆いつくす

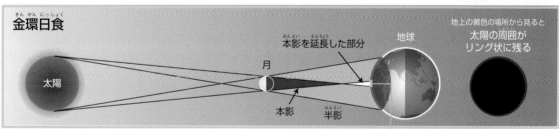

金環日食

地上の黄色の場所から見ると
太陽の周囲が
リング状に残る

皆既日食と金環日食の起きるしくみの模式図。月と地球の距離の違いによって地球から見られる日食のようすが異なる。半影の範囲（図中の紫の領域）では、場所に応じて食の割合が異なる部分日食が見られる。下の画像はその一例で、2019年1月6日に日本で見られた部分日食。

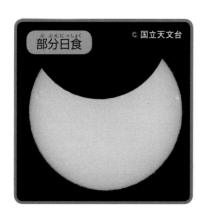

部分日食

© 国立天文台

金環日食

© 国立天文台 天文情報センター

1節 太陽をお日さまと いうのはなぜ?

ポイント 星のような天体はもちろん、身のまわりのさまざまなものごとには、それぞれ名前が付いている。同じものが複数の名前をもつこともある。たとえば、われわれの日常の生活では、太陽のことを「お日さま」、月のことを「お月さま」と呼んだりする。これらの呼び方は、どんな意味があるのだろうか。

プラスワン

日
お日さまの「ひ」という読み方は、日本古来の読み方（大和言葉という）だ。「日」と「火」は、漢字で書くと異なるが、もともとは同じ仲間の言葉だった。「ひる（昼）」も「ひ」から生まれた言葉だ。
▶巨大黒点 ☞用語集

プラスワン

各種言語
古代ギリシャは科学の発祥の地であり、天文学は古い学問なので、現代の天文学でも、（古代）ギリシャ語由来の言葉や概念は多い。ラテン語はローマ時代の公用語で、現代ではほとんど使われていない（バチカン市国の公用語のひとつである）。ただし、事物の学術的な正式名（学名）は、現在でもラテン語で命名するのが慣例である。
あめ（あま）、そら、ほし、まほろばなど、飛鳥時代頃までの古代日本で口伝えされていた言葉が大和言葉。
▶恒星・惑星・衛星
☞用語集

1 「お日さま」と「お月さま」

お日さま（**太陽**）は月と並んで特別な天体だ。この「日」という文字は、丸い太陽の形を象った文字（象形文字）である。太陽の表面には巨大黒点と呼ばれる黒く見える領域がときおり現れるので、○の中に・を入れた絵文字から変化したものだとされている。

太陽は、地上に暮らす生命にとって、熱や光のエネルギーをもたらす母なる天体だ。太陽の正体は、ほとんど水素ガス（と2割ほどのヘリウムと、ごくわずかに他の元素）でできた高温の巨大なガス球である。夜空に輝く多くの星々（**恒星**）と同様に、自ら輝いている天体だ。

お月さまも太陽と並んで特別な天体である。漢字の「月」という文字も、三日月の絵文字から変化した象形文字だ。

月は、「三日月」や「満月」など変化する姿が、古くより人々に親しまれてきた。また太陽とともに暦の起源にもなっている（☞第7章）。月の正体は、約1カ月で地球のまわりを回る岩石でできた球状の天体で、地球の**衛星**である（☞第4章）。

太陽に対して月のことを太陰と呼ぶこともあるが、太陽や太陰は中国由来の呼び方である。一方、お日さまやお月さまは日本古来の呼び方だ。

図表 1-1 京の都の夕日（左）、月食の合成写真（右）© 五百蔵雅之

② 水の惑星、地球

　われわれの暮らす大地のことを**地球**と呼ぶ。この名前は、そのまま大地の球という意味だ。大昔の人々は、大地は平らだと思っていたが、次第に大地の形が丸いことがわかりはじめ、人類が宇宙に進出して宇宙から地球を眺めることができるようになった現代では、たしかに地球が丸いことが見て取れるようになった。

　地球の正体は、岩石や金属でできた巨大な球状の天体だが、表面を大量の水や空気で覆われた、生命に満ち溢れた天体である（☞第5章）。また地球は約1年で太陽のまわりを回っているが、地球のように太陽のまわりを回る大きな天体を**惑星**と呼ぶ（☞第5章3節）。

　後の章でも述べるように、夜空に輝く星々の多くは太陽と同じように自ら光っている天体だ。地球と太陽の距離は約1億5000万kmもあるが、星座をつくる星々は、最も近いものでも約42兆kmも離れている。星々までの距離は太陽とは比較にならないほど遠いので、夜空の星々は光る点のようにしか見えない。

　一方、多くの星々と異なり、惑星は自ら光っているわけではない。太陽のまわりを回っているために、太陽の光を反射して輝いてみえる。

図表1-2　水と空気に覆われた惑星、地球。「地球」という言葉は、イエズス会宣教師のマテオリッチが、17世紀前半に作成した世界地図「坤輿万国全図」において、初めて漢字に訳出したものらしい。©NASA

	古代ギリシャ語	ラテン語	フランス語	漢語	大和言葉
太陽	ヘリオス	ソル	ソレイユ	太陽	お日さま
月	セレーネ	ルナ	リュヌ	太陰	お月さま
地球	ゲー	テッラ	テール	―	―

図表1-3　各種言語での太陽・月・地球の呼び方

太陽神・月の女神・地母神

ヘリオスはギリシャ神話の太陽神で、ローマ神話の太陽神がソル。元素のヘリウムはヘリオスに由来する。セレーネはギリシャ神話の月の女神で、ローマ神話の月の女神がルナ。元素のセレンは周期表でテルル（ラテン語で地球の意味する言葉から命名）の「上」に位置したことから、ギリシャ語のセレーネ（月）にちなんで命名された。ゲー（ガイア）はギリシャ神話の大地の女神（地母神）で、テッラ（テラ）はラテン語で土地の意味。元素のテルルはテッラに由来する。ちなみに、ローマ神話での大地の女神はテラス。

▶ **惑星という名前**

太陽系の中の惑星は、ふつうの星々と異なる動きをすることから、惑わす星という意味で、惑星という名前が付いた。「惑星」という言葉は、江戸時代の末期に長崎で活躍したオランダ通詞（通訳のこと）、本木良永（1735〜1794）が訳出した、『星術本原太陽窮理了解新制天地二球用法記』（1792年）で初めて用いられたようである。同訳者による、『天地二球用法』（1774年）の序文では、まだ五星と書かれている。

▶ **天文符号**

太陽や月や地球を表す記号として、天文学の世界などでは、以下のような天文符号が使われている。太陽と月は、日・月の漢字の成り立ちと同じく象形記号だ。また地球の記号は、○が地球そのものの形を、十字が赤道と子午線を表す。

惑星の名前と曜日は関係あるの？

1章 2節

ポイント 太陽を回る惑星は、太陽から近い順に、水星・金星・地球・火星・木星・土星・天王星・海王星と呼ばれる。一方、一週間の曜日は、日・月・火・水・木・金・土となっている。日曜と月曜は太陽や月と関係していそうだが、火水木金土も惑星の名前と共通しているのは何か関係があるのだろうか？

プラスワン

曜日の英語名の語源

曜日	語源
Sunday	Sun（太陽）
Monday	Moon（月）
Tuesday	Tyr（北欧神話で戦いの神ティール）
Wednesday	Odin/Woden（北欧神話の最高神オーディン）
Thursday	Thor（北欧神話の雷神トール）
Friday	Freya（春と愛の神フレイア）
Saturday	Saturnus（ローマ神話の農耕神）

▶ **五行思想** ☞用語集

プラスワン

地球という名前

「地球」という言葉は、イエズス会宣教師のマテオ・リッチ（1552～1610）が、17世紀前半に作成した世界地図「坤輿万国全図」において、初めて漢語に訳出したものらしい。

1 惑星の名前

　地球のように、太陽のまわりを回る天体の中で比較的大きな天体を惑星と呼んでいる（☞第5章3節）。現在では惑星として、太陽から近い順に、水星・金星・地球・火星・木星・土星・天王星・海王星の8つがある。惑星の名前はどのようにして決まったのだろうか。

　古代の中国では、主要な五惑星のことを、辰星（＝水星）、太白（＝金星）、熒惑（＝火星）、歳星（＝木星）、填星（＝土星）と呼んでいた。当時、中国の文化を輸入していた昔の日本でも同様だった。

　現在の五惑星の名前は、古代中国の五行思想に基づくものだと考えられている。この五行思想のもとで、水星はすばやく動くので水の要素と結び付けられ、金星はキラキラ光ることから金の要素と結び付けられた。火星は赤いので火の要素と結び付けられた。土星はどっしりと動かないので土の要素と結び付けられ、そして木星は残った木の要素と結び付けられた。

　五行思想での事物の対応関係を一部示すと図表1-4のようになる。

　これら五惑星に太陽と月を加えたものが、七星であり、日曜日から土曜日までの七曜の起源になっている。

五行	木	火	土	金	水
五星	歳星	熒惑	填星	太白	辰星
五方	東	南	中央	西	北
五色	青	赤	黄	白	黒
五時	春	夏	土用	秋	冬
五獣	青竜	朱雀	麒麟・黄龍	白虎	玄武

図表1-4　五惑星と五行思想。五行思想の対応関係で色と方位を組み合わせたものから、東の青龍、南の朱雀、西の白虎、北の玄武などの四神が生まれた。また季節と関連づけて、青春、朱夏、白秋、玄冬などの呼び方も生まれた。

主要な五惑星以外の惑星は近代になって発見された。

たとえば1781年に発見された天王星は、天の神ウラノスの名前が与えられ、それを直訳して天王星となった。また1846年に発見された海王星は、海の神ネプチューンの名前が与えられ、直訳して海王星となった。

② 準惑星と小惑星

惑星ほどの大きさはないが、太陽のまわりを回る天体の中でそこそこの大きさがある天体を**準惑星**と呼ぶ。また無数に存在する大小さまざまな岩塊を**小惑星**と呼ぶ（☞第5章81ページ）。

準惑星の代表は冥王星だ。1930年に発見された冥王星は、いろいろな名前の候補が挙がったが、最終的には冥界の神であるプルートに落ち着いた。それを「冥王星」と訳したのは野尻抱影（1885〜1977）である。冥王星はずっと惑星の仲間と思われていたが、深い事情があって（☞第5章79ページ）、2006年から新たに準惑星に分類された。

準惑星や小惑星、そして彗星や流星などについて、詳しくは5章で扱う。

	古代ギリシャ語	ラテン語	英語	備考
水星	ΕΡΜΗΣ	MERCURIUS	Mercury	伝令の神・旅行の神
金星	ΑΦΡΟΔΙΤΗ	VENUS	Venus	美の女神
火星	ΑΡΗΣ	MARS	Mars	軍神
木星	ΖΕΥΣ	JUPITER	Jupiter	最高神
土星	ΚΡΟΝΟΣ	SATURNUS	Saturn	大地の神・農耕神

図表 1-5　各種言語での五惑星の綴りと呼び方。ラテン語では、UとVやYの区別はなく、Iから派生したJもほぼ同じものだった（日本語のイとヰのようなもの）。たとえば、金星（Venus）はラテン語でも英語でも綴りは同じだが、ラテン語では字面通りのウェヌスと発音し、英語ではビーナスと訛る。火星や木星や土星も、英語では訛った発音になっている。

	古代ギリシャ語	ラテン語	英語	備考
天空神	OYPANOΣ	URANUS	Uranus	天王星
海神	ΠΟΣΕΙΔΩΝ	NEPTUNUS	Neptune	海王星
冥王	ΑΙΔΗΣ	PLUTO	Pluto	冥王星
女神	ΔΗΜΗΤΗΡ	CERES	Ceres	準惑星
女神	ΗΡΑ	JUNO	Juno	小惑星
男神	ΗΡΑΚΛΗΣ	HERCULES	Hercules	星座

図表 1-6　各種言語での神々の呼び方と天体名。

水星の惑星記号は、女性記号の上に2本の角が生えたような形。伝令神ヘルメスのもつ2匹の蛇が絡み合った杖を象っている。

金星の惑星記号は、丸の下に十字を描いた記号。惑星名の略記体が変化したという説がある。女性を表す記号としても使われる。

火星の惑星記号は、丸の上に矢印を描いた記号。惑星名の略記体が変化したという説がある。男性を表す記号としても使われる。

木星の惑星記号は、数字の4のような変な形をしているが、大神ゼウスの放った雷を図案化したものらしい。

変形したhに横棒のついたような土星の惑星記号は、農耕の神サトゥルヌスの鎌に由来するようだ。

大文字のHと丸などを組み合わせたような天王星の惑星記号は、天王星を発見したウィリアム・ハーシェル（1738〜1822）の頭文字のHを図案化した。

海王星の惑星記号は海神ポセイドンがもつ三叉の戟に由来する。

水星

金星

火星

木星

土星

天王星

海王星

攻略ポイント

昔から知られていた惑星と近代になって発見された惑星はどれ？

3節 星の名前はどんな意味をもつの?

ポイント 夜空に見える星々には、長い年月の間にさまざまな名前が付けられてきた。たとえば、全天で最も明るいおおいぬ座の1等星は、西洋ではシリウスと呼ばれ、中国では天狼星と名付けられた。オリオン座のベテルギウスやさそり座のアンタレスも有名だろう。これらの星々の名前はどうやって決まったのだろうか。

プラスワン

星
「ほし」も日本古来の読み方(大和言葉)。"火・炎"の意味だという説がある。ちなみに、蛍は"星垂る"に由来するらしい。

▶ 星のバイエル符号
固有の名前をもたない星々まで含め、星の正式名は、明るさを示すギリシャ語のアルファベットと星座の名前を組み合わせたバイエル符号で表す。明るさを表すギリシャ語のアルファベットは、星座の中で一番明るい星から、α(アルファ)、β(ベータ)、γ(ガンマ)……(☞カバー折返し部分)と順に付けていく。
たとえば、シリウスはおおいぬ座アルファ星(省略形 α CMa)となる。またリゲルはオリオン座ベータ星(省略形 β Ori)である。
ちなみに、バイエル符号は、ドイツの法律家ヨハン・バイエルが、1603年、31歳のときに出版した全天星図『ウラノメトリア』で発表した恒星の命名法である。

1 古代ギリシャや古代ローマに由来する名前

天文学は古い学問なので、世界中の文化や歴史を背景にもっている。そのため、星の名前も星の数ほどあって、星の名前だけで何冊もの本になるぐらいだ。ここで紹介するのはほんの一部である。

全天で一番明るいおおいぬ座の**シリウス**は、焼き焦がすものを意味するセイリオスというギリシャ語に由来する。赤い色をしたさそり座の**アンタレス**もギリシャ語由来で火星に似たものという意味のギリシャ語に由来する。りゅうこつ座の**カノープス**はギリシャ神話で冒険の旅に出る船(アルゴ座☞2章2節プラスワン)の水先案内人の名前である。

おとめ座の**スピカ**はラテン語(ローマ時代の公用語)で穀物の穂の意味である。**ポラリス**(北極星)も同じくラテン語の極に由来する。

西洋の星の名前には、ギリシャ・ローマ時代に付けられたものが多い。

図表 1-7 プレアデス星団の星の名前。単独の星ではないが、おうし座のプレアデス星団は、日本では古くから昴として親しまれてきた。清少納言の『枕草子』にも"ほしはすばる"と書かれている。明るい星々が一カ所に集まっているため、統一されているという意味の「統まる(すまる)」が名前の由来だとされる。

©Science Source/PPS通信社

② アラビア語に由来する名前

わし座の**アルタイル**はアラビア語で飛ぶ鷲の意味で、こと座の**ベガ**は落ちる鷲だ。はくちょう座の**デネブ**は雌鳥の尾の意味である。

オリオン座の左足にあたる明るい**リゲル**は巨人の左足という意味だ。

西洋の星の名前にはアラビア語に起源をもつものも非常に多い。これはアラビア文化圏で科学や天文学が非常に発展した時期（主として8〜9世紀頃）があったためだ（一方、4世紀頃からコペルニクスが地動説を唱える16世紀頃までは、ヨーロッパでは科学や天文学は停滞していた）。その後、12世紀になってアラビア文化圏の科学はヨーロッパに逆輸入され、それとともに、アラビア語に由来する星の名前も広まった。

③ 中国から来た名前

漢字の名前をもった星々もたくさんある。これらの多くは中国由来だ。たとえば**北極星**（ポラリス）はそのまま北の極に見える星である。シリウスは中国では**天狼**（星）と呼ばれ、カノープスは**南極老人星**と呼ばれた。ベガやアルタイルは、それぞれ**織女星**および**牽牛星**とも呼ばれ、日本では**織姫星・彦星**として親しまれている。

④ 星の和名

いまはあまり使われなくなったが、日本で古くから使われていた星の名前もある。たとえば、さそり座のアンタレスは、赤星・南の赤星などと呼ばれた（釣り針の形をしたさそり座全体は魚釣り星と呼ばれた）。

固有名（学名）	意味（起源）	等級
シリウス（おおいぬ座α星／α CMa）	焼き焦がすもの（ギリシャ語）	− 1.46
カノープス（りゅうこつ座α星／α Car）	水先案内人の名前（ギリシャ語）	− 0.72
ケンタウルス座α星（α Cen）	―用語集	− 0.27
アークトゥルス（うしかい座α星／α Boo）	熊を追うもの（ギリシャ語）	− 0.05
ベガ（こと座α星／α Lyr）	落ちる鷲（アラビア語）	0.03
カペラ（ぎょしゃ座α星／α Aur）	小さな雌山羊（ラテン語）	0.08
リゲル（オリオン座β星／β Ori）	巨人の左足（アラビア語）	0.12
プロキオン（こいぬ座α星／α CMi）	犬に先立つもの（ギリシャ語）	0.37
ベテルギウス（オリオン座α星／α Ori）	脇の下（アラビア語）	0.40
アケルナル（エリダヌス座α星／α Eri）	河の果て（アラビア語）	0.50
ハダル（ケンタウルス座β星／β Cen）	不明（アラビア語）	0.60
アルタイル（わし座α星／α Aql）	飛ぶ鷲（アラビア語）	0.77
アルデバラン（おうし座α星／α Tau）	後に続くもの（アラビア語）	0.85
アンタレス（さそり座α星／α Sco）	火星に似たもの（ギリシャ語）	0.96
スピカ（おとめ座α星／α Vir）	穀物（麦）の穂（ラテン語）	0.98

図表 1-8 比較的明るい星の名前

プラスワン

アルがつく星

アルタイル、アルデバラン、アルゴルなど、アルが付く星は少なくない。アルはアラビア語の定冠詞（英語のthe）にあたるもので、これらの星々の名前はアラビア語に由来する。また他にも、アルジェブラ（代数学）、アルゴリズム、アルコール、アルカリなど、アラビア語起源の科学用語は多い。

▶**彦星と織姫**

中国の七夕伝説では、もともとは、わし座α星のアルタイルが牽牛で、こと座α星のベガが織女だった。日本に渡来した際、天帝の娘である織女には、棚機を織る娘という意味で、タナバタあるいはオリヒメという名が当てられた。一方、牽牛には該当する言葉がなかったので、男性の敬称としてヒコボシと名付けた。

▶**北極星・北辰・子の星**

夜空を仰いで唯一動かない星である北極星にはいろいろな呼び名がある。たとえば、北斗（七星）全体に対し、北極星のみは北辰と呼ぶ。また（キタノ）ヒトツボシ（一つ星）と呼ぶ地方もある。さらに十二支の方角の「子」を当てて、子の星とも呼ばれる。

▶**アンタレスの名の由来**

アンタレスという名前は、しばしば「火星（アレス）に対抗する（アンチ）」の意だと言われるが俗説。正しくは、ギリシャ語で「火星に似たもの」を意味するＡＮＴＡＰＨΣに由来する。

▶▶▶ ギリシャ文字は天文学のいろは

　ギリシャ語の小文字の書き順。ほとんどの小文字は一筆で書く。たとえば、β は左下から書き始めて円を描くように右側を書く（13のように分けて書かない）。δ は円の上から反時計回りに描いて上の右端で止める。σ は円の上から時計回りに描いて上の髭を延ばす（反時計回りに描いて髭を後付けしない）。プロの研究者でも μ と ν の区別が付かない人や γ や δ や σ がちゃんと書けない人は多いので、この表を覚えただけで天文学者に勝てるかも。

α アルファ	β ベータ	γ ガンマ	δ デルタ	ε イプシロン
ζ ジータ	η イータ	θ シータ	ι イオタ	κ カッパ
λ ラムダ	μ ミュー	ν ニュー	ξ クシー（クサイ）	o オミクロン
π パイ	ρ ロー	σ シグマ	τ タウ	υ ウプシロン
ϕ ファイ	χ カイ	ψ プサイ	ω オメガ	

ギリシャ文字の書き順。

プラスワン

天（あま、あめ）
「あまのがわ（天の川）」や「あめつち（天地）」や「あまのはしだて（天橋立）」のように、大和言葉では、天のことを「あま」とか「あめ」と呼んでいた。その天から降ってくる水が、「あめ（雨）」で、大量の水がたまったものが「あま（海）」だ。

プラスワン

天文という言葉
天文は中国由来の言葉で、"天の文様"、すなわち"天（界）に記された文字"の意味である。太陽・月・星などからなる天界の秩序だった運行と、新星・超新星（☞2級テキスト）・彗星など天界の異変の有様を表している。古代中国では、天の文様の変化を読み取って、天子（皇帝）や国家の命運を予想していた。

プラスワン

星の名前
星の名前も、固有名の表記に複数の綴りがあったり、さまざまなカタログ名をもっていたり、専門家でも困ることが多かった。そのような状況を改善するため、天文学者の国際的な組織IAU（国際天文学連合）では、"星の名"作業部会で星の名前の統一を議論してきた。そして、227個の星について名前を決定し、2016年11月24日に、一般向けの固有名（通称）と、専門家向けの形式名（称号）を発表した。たとえば、おおいぬ座 α 星は、固有名がシリウス、形式名がHR 2491となる。またケンタウルス座 α 星Cは、固有名がプロキシマ・ケンタウリで、形式名がGJ 551だ。

Question 1

金星を表す惑星記号はどれか。

① 　② 　③ 　④ ♃

Question 2

地球を表す天文符号はどれか？

① 　② 　③ 　④

Question 3

ラテン語で火星のことを何と呼ぶか。

① アレス
② マルス
③ マーズ
④ トール

Question 4

ラテン語で木星のことを何と呼ぶか。

① ゼウス
② ユピテル
③ ジュピター
④ オーディン

Question 5

「惑星」という言葉は、どんな人がつくったか？

① 書聖といわれる書道の達人
② ハングル文字の発明者
③ 江戸時代の通訳
④ 日本に帰化した宣教師

Question 6

中国名を邦訳した「南極老人星」とはどの星のことか？

① シリウス
② ベテルギウス
③ リゲル
④ カノープス

Question 7

水星、金星、火星、木星、土星の名前は、何に基づいて付けられたと考えられるか？

① 古代中国の五行思想
② 聖書の7日間の天地創造
③ ローマ神話の主要神の名前
④ 日本の固有の和名

Question 8

○○座のγ星とは通常、その星座で何番目に明るい星を指すか。

① 1番目
② 3番目
③ 5番目
④ 7番目

Question 9

「巨人の左足」を意味するアラビア語に由来する星はどれか。

① シリウス
② アンタレス
③ ベガ
④ リゲル

Question 10

ギリシャ文字のδとσの書き順で正しい組み合わせはどれか。

① δ σ
② δ σ
③ δ σ
④ δ σ

★ おまけコラム ★

唯一の宇宙と多宇宙

　紀元前2世紀（前漢時代）に書かれた『淮南子』という中国の書物に、初めて「宇宙」という言葉が現れるそうだ。それによると、宇宙の"宇"は空間を、"宙"は時間を意味している。宇宙というと空間的な広がりをイメージするが、本来は、空間と時間を合わせた意味をもっている。一方、英語で宇宙を意味するユニバース（universe）は、ひとつに統合されたものというラテン語に由来する。一方、最新の宇宙論では、われわれの存在する宇宙とは別の無数の宇宙が考えられており、これをマルチバース（multiverse）／多宇宙と呼ぶ。

解答・解説はウラ

Answer 1

❷

❶は天王星で発見者のハーシェルのHに由来、❷が金星で美の女神アフロディーテの手鏡に由来、❸は火星でマルスの盾、あるいは槍と盾に由来、❹は木星でゼウスの雷に由来。

Answer 2

❷

❷が、地球を表す天文符号。十字は子午線と赤道を表している。❶は太陽。❸は、ただの白丸あるいは白抜き丸。❹は、ただの黒丸。ただし、❹は、ブラックホールを表す天文符号として使うこともある。

Answer 3

❷ マルス

アレスはギリシャ神話の軍神、マルスはローマ神話の軍神で、マーズはマルスの英語読み。トールは北欧神話の雷神で木曜日の英語名の語源にもなっている。

Answer 4

❷ ユピテル

ゼウスはギリシャ神話の最高神、ユピテルはローマ神話の最高神で、ジュピターはユピテルの英語読み。オーディンは北欧神話の最高神で水曜日の英語名の語源にもなっている。

Answer 5

❸ 江戸時代の通訳

本木良永が、オランダ語の科学書を翻訳する際に使用したのが始まりとされる。惑星という表現は日本発祥で、中国では行星という語が用いられる。

Answer 6

❹ カノープス

りゅうこつ座の1等星で、日本や中国などからは、南の地平線近くの方向にあり、高度が低く見えにくいことから、カノープスを見たら長寿になるという伝説も生まれた。

Answer 7

❶ 古代中国の五行思想

空の中で、特別な動き方をする天体は7つ。そのうち太陽と月はさらに特別と考えられ、残る5つの名前は、その数が五行思想と一致することから付けられた。聖書の7日間は、一週間の長さのもとだが、さらに古代から7日を区切りとする習慣があった。ローマ神話の神の名前は、英語などの惑星名に使われている。日本では和名での惑星名は見あたらず、古くから中国の言い方を使っていた。

Answer 8

❷ 3番目

バイエル符号という命名法では、その星座の中で一番明るい星から順番にギリシャ語のアルファベットにあたる α、β、γ、δ、……の順に名付けていく。ただし、目視観測の時代に決められたせいか、必ずしも明るさ順になっていない星座も存在する。

Answer 9

❹ リゲル

❶シリウスは、全天で一番明るいおおいぬ座の星で、ギリシャ語で「焼き焦がすもの」という意味の「セイリオス」に由来する。英語では「Dog Star」、中国語ではオオカミの目にたとえて「天狼」、和名では「青星」などとも呼ばれる。❷アンタレスはギリシャ語で「火星に似たもの」、❸ベガはアラビア語で「落ちる鷲」が由来。

Answer 10

❶

漢字と同様にアルファベットにも正しい（推奨される）書き順がある。基本的にはスムーズに綴れるような一筆書きになっていて、δは反時計回りに書いて上の部分を右に丸く曲げ、逆にσは時計回りに書いて上のひげの部分を少し伸ばす。ひげを除けば、σとoの原型であるoは似ているが、書く向きは逆になっていることに注意。実際、σをoやoのように反時計回りに書いて、ひげを付けると、かなり汚い文字になってしまう。

2章

TEXTBOOK FOR ASTRONOMY-SPACE TEST

〜星座は誰が決めたのか〜

★ ギリシャ神話と星空

ギリシャ文明は、紀元前後に地中海全域を支配した
ローマ帝国の建国のはるか前から繁栄していた。ロー
マ帝国で誕生したローマ神話は、ギリシャ神話の影響
を強く受けている。また、星座のモチーフとなったギリ
シャ神話も数多い。2つの星座絵は、初代グリニッジ
天文台長、ジョン・フラムスチード（1646 ～ 1719）の
観測成果から制作された『天球図譜』（1729 年刊）の
星座絵に彩色した銅版画。その後の星座絵に大きな
影響を与えた。左が北半球、
右が南半球。

西洋絵画にはギリシャ神話を題材にしたものが多い。ルネサンスを
代表するボッティチェリが描いた『春』に登場するギリシャ神話の
神々の左端には、伝令神マーキュリー（ヘルメス）が描かれている。
©Erich Lessing/PPS 通信社

©Bridgeman Images/
PPS 通信社

020

©Bridgeman Images/
PPS通信社

図表 2-1

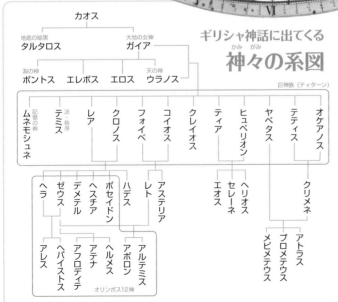

ギリシャ神話に出てくる
神々の系図

カオス

地底の暗黒　　　　　大地の女神
タルタロス　　　　　ガイア

海の神
ポントス　エレボス　エロス　ウラノス

巨神族（ティターン）

ムネモシュネ（記憶の神）　テミス（法・秩序）　レア　クロノス　フォイベ　コイオス　クレイオス　ティア　ヒュペリオン　ヤペタス　テティス　オケアノス

ヘラ　ゼウス　デメテル　ヘスチア　ポセイドン　ハデス　アステリア　レト　エオス　セレーネ　ヘリオス　クリメネ

アレス　ヘパイストス　アフロディテ　アテナ　ヘルメス　アポロン　アルテミス

メピメテウス　プロメテウス　アトラス

オリンポス12神

©AGE/PPS通信社

ギリシャ神話のゼウスは、ローマ神話ではユピテルと名前が変わっただけだが、ローマ神話には固有の神々もいる。たとえば、農耕の神サトゥルヌスは古代イタリアの神だ。

2章

1節 昔の人々が考えた世界の成り立ち

> **ポイント**
>
> いろいろな地域や民族で宇宙創世の神話が残っているが、共通の部分があったり地域性を反映していたり、比較してみるとなかなか興味深い。ここでは古代の宇宙観と創世神話を紹介し、常に人々とともにあった天界に思いを馳せてみよう。

1 バビロニア神話

バビロニア（メソポタミア文明）やそれを後継したカルディアの宇宙創世神話では、混沌の中から現れた神々の闘争の中で、創造神マルドゥクが勝ち名乗りを上げ、天と地を分かち人間をつくったとされる。彼らの考えでは、自分たちの住んでいる中央大陸を大洋が取り囲み、中央大陸の中心からはユーフラテス河が流れ出している。大洋の外周の地の果てには、アララット山が全体を取り巻いていて、半球形の天を支えている。また太陽は東側のアララット山の出口から出て天をぐるりと巡り、西の山の入り口に沈むのである。メソポタミア文明の生まれた土地柄を反映した宇宙観だ。

2 エジプト神話

古代エジプトの神話では、ヌンなる原初の水だけがあった世界に、原初の神アトゥムが誕生し、その原初の神から大気の男神シューと、湿気の女神テフヌトが生まれ、さらにこの2人から、天空の女神ヌートと大地の神ゲブが生まれたとされる。大気の神シューが腕を伸ばして、天空と大地を引き離し、ヌートが大地から引き離されて空を覆って青い天空が生じたとされる。ヌートは、毎朝、太陽を吐き出しては、毎夕、太陽を飲み込むのだ。

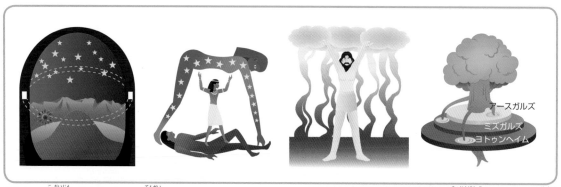

図表 2-2 古代人の宇宙観。左から、天蓋を支えるアララット山（バビロニア神話）、シューとヌート（エジプト神話）、巨人盤古（中国神話）、世界樹イグドラシル（北欧神話）。

③ 中国神話

古代中国の宇宙観では、はじめに混沌ありきだ。混沌は卵のような形をしていたが、その中から盤古という巨人が生まれ、1万8000年後に、澄んだモノ（陽の気）と濁ったモノ（陰の気）が上下に分かれて天と地ができた。盤古が成長するにともない、天を高く地を深く押し広げて世界が広がった。やがて盤古が死ぬと、その死体から万物が生まれたとされる。

④ 北欧神話

北欧神話では、世界の始まりには天も地もなく時もなく、あるのは底なしの虚無の深淵ギンヌンガガップだけだった。あるとき、ギンヌンガガップの北に霧の国ニヴルヘイム、南に炎の国ムスペルスヘイムが生まれ、ニヴルヘイムから飛来した霜がムスペルスヘイムの熱で溶かされて雫となり、その雫に命が宿って最初の巨人イミルが生まれ、イミルから霜の巨人族が生まれた。一方、氷の中から神々の始祖ブーリが現れ、孫の代に主神オーディンらアース神族が生まれた。大地は、中央から、神の国アースガルズ・人間の国ミズガルズ・巨人の国ヨトゥンヘイムの順に同心円状に区分されている。そして、世界樹イグドラシルと呼ばれるトネリコの大樹によって世界全体が支えられている。

⑤ ギリシャ神話・ローマ神話

ギリシャの神話では、最初に誕生したのは混沌の淵カオスだ。曖昧模糊とした宇宙の中で、ガイア（大地）とタルタロス（地底の暗黒）が生まれ、ガイアは自分自身だけで、空を覆うウラノス（天）と大地を取り巻くポントス（海洋）を生み出した。ガイアとウラノスからは、最初の支配種族、巨神族ティターンが生まれた。第二代の王クロノスとレアから生まれたのが、オリンポス神族だ。ティターン神族とオリンポス神族の激しい戦いの後、オリンポス神族が勝利を収めた。古い神々はタルタロスに幽閉され、ゼウスが天を、ポセイドンが海を、ハデスが冥界を支配することになった。

ギリシャ人の宇宙観では、世界は平らで、中央にはギリシャがあり、また神々の居所であるオリンポス山がそびえている。平らな世界を西から東に分断する海が地中海だった。ローマ神話はギリシャ神話の影響を強く受けている。たとえば、農耕の神サトゥルヌスは古代イタリアの神だ。

⑥ 日本神話

この世の最初は、天と地も、男と女も分離されておらず、すべてが混ざり合った状態だった。そのうち、澄んだものが上方に昇って大空となり、濁ったものは下方に澱んで大地となった。そして天地の間の高天原で天御中主神が生まれた。一方、生まれたばかりで漂う大地の泥から、輝く葦が伸びて、その葦から、男女の神、伊弉諾尊と伊弉冉尊が生まれた。黄泉の国から戻った伊弉諾尊が、川に入って禊をおこなった時に誕生した三柱の神が、天照大神、月読尊、素戔嗚尊である。そして天照大神は天を、月読尊は夜を、素戔嗚尊は海を治めることになった。

▶ 神々の名前をもらった天体の例

伝令神マーキュリー（水星）
美の女神ビーナス（金星）
軍神マーズ（火星）
大神ジュピター（木星）
農耕神サターン（土星）
天空神ウラノス（天王星）
海神ネプチューン（海王星）
冥府神プルート（冥王星）
テテュス（土星第3衛星）
レア（土星第5衛星）
ヒュペリオン（土星第7衛星）
イアペトス（土星第8衛星）
テミス（小惑星24）
ムネモシュネ（小惑星57）

▶ 世界 ☞ 用語集

🌑 天の北極とは、地球の地軸（自転軸）を北の方向にのばし、星空（天球）と交わった点のこと。反対に地球の地軸を南の方向にのばし、天球と交わった点が天の南極である。

天の北極を中心とした星座図

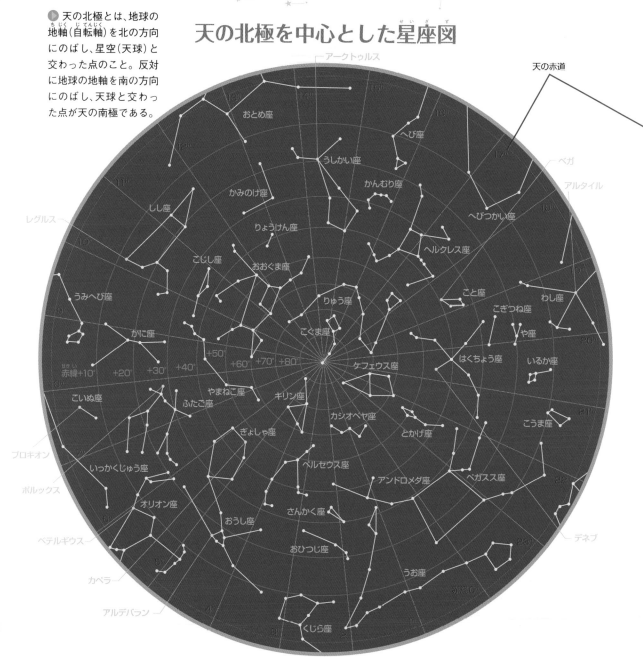

図表 2-3

和名	略号	和名	略号	和名	略号	和名	略号
アンドロメダ座	And	おおいぬ座	CMa	カメレオン座	Cha	こいぬ座	CMi
いっかくじゅう座	Mon	おおかみ座	Lup	からす座	Crv	こうま座	Equ
いて座	Sgr	おおぐま座	UMa	かんむり座	CrB	こぎつね座	Vul
いるか座	Del	おとめ座	Vir	きょしちょう座	Tuc	こぐま座	UMi
インディアン座	Ind	おひつじ座	Ari	ぎょしゃ座	Aur	こじし座	LMi
うお座	Psc	オリオン座	Ori	きりん座	Cam	コップ座	Crt
うさぎ座	Lep	がか座	Pic	くじゃく座	Pav	こと座	Lyr
うしかい座	Boo	カシオペヤ座	Cas	くじら座	Cet	コンパス座	Cir
うみへび座	Hya	かじき座	Dor	ケフェウス座	Cep	さいだん座	Ara
エリダヌス座	Eri	かに座	Cnc	ケンタウルス座	Cen	さそり座	Sco
おうし座	Tau	かみのけ座	Com	けんびきょう座	Mic	さんかく座	Tri

天の南極を中心とした星座図

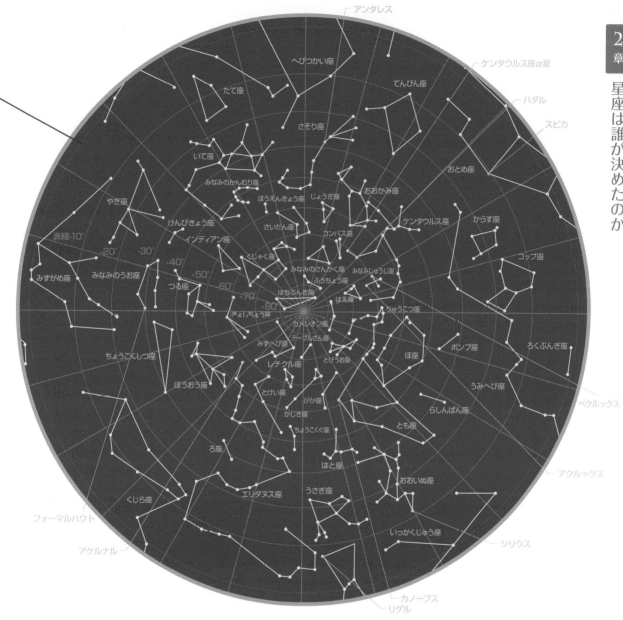

和名	略号	和名	略号	和名	略号	和名	略号
しし座	Loo	とも座	Pup	ペルセウス座	Per	や座	Sge
じょうぎ座	Nor	はえ座	Mus	ほ座	Vel	やぎ座	Cap
たて座	Sct	はくちょう座	Cyg	ぼうえんきょう座	Tel	やまねこ座	Lyn
ちょうこくぐ座	Cae	はちぶんぎ座	Oct	ほうおう座	Phe	らしんばん座	Pyx
ちょうこくしつ座	Scl	はと座	Col	ポンプ座	Ant	りゅう座	Dra
つる座	Gru	ふうちょう座	Aps	みずがめ座	Aqr	りゅうこつ座	Car
テーブルさん座	Men	ふたご座	Gem	みずへび座	Hyi	りょうけん座	CVn
てんびん座	Lib	ペガスス座	Peg	みなみじゅうじ座	Cru	レチクル座	Ret
とかげ座	Lac	へび座	Ser	みなみのうお座	PsA	ろ座	For
とけい座	Hor	へびつかい座	Oph	みなみのかんむり座	CrA	ろくぶんぎ座	Sex
とびうお座	Vol	ヘルクレス座	Her	みなみのさんかく座	TrA	わし座	Aql

2節 季節とともに巡り来る星座たち

ポイント 古来より人々は、星々の並びや配置に意味を見出し、動物や神話の神々などに見立てて、いろいろな名前を付けた。このような明るい星のつくる配置やその領域のことを星座と呼んでいる。季節によって、いろいろな星座を見ることができる。

▶星座
星々のつくる配置を身のまわりの事物や天界の神々になぞらえたもの。

▶星座線
星々の配置がわかりやすいように、星々を結んだ仮想的な線。

▶星座絵
星座で見立てた事物を絵に表したもの。しばしば、星座の星々に重ねて描かれる。

1 心の眼で結んだ星々をつなげる線

夜空に見える多くの星々は、時間が経つと動いていくし、季節によっても違う場所にあるが、星々の並びや配置は変わらないように見える。変わらないという意味で、星々を恒星（☞用語集）と呼ぶこともある。

星々の多くは太陽と同じように自ら光っている天体だが、それらが非常に遠方にあるために、光る点のようにしか見えない。また星々も太陽も宇宙空間の中を動いているが、星々が非常に遠方にあるために、ほとんど動かないようにみえる。これは、走る列車から景色を眺めたとき、近くの景色に比べて遠くの景色の方があまり動かないのと同じ理屈である。

古代より星々を見上げてきた人々は、変わらない星々の配置から、心の中の眼で星々を線で結び、さらには、身のまわりの動物や天界の神々に見立ててきた。名前を付けられた星々や星座たちは、人々の心を癒すと同時に、時刻や季節を計る目安に使われたり、大海原を渡る航海の目印に使われたり、人々の生活上や実用上でも大いに役立ってきたのだ。

図表2-4 オリオン座（左）、星座線で結んだもの（中左）、星座絵を描いたもの（中右）、星の名前（右）。©藤井旭

② 季節の星座

　太陽のまわりを地球が公転しているために、季節によって見えやすい星座や見えにくい星座がある（☞第3章44ページ）。一方、日本が北半球にあるため、日本の最南端を除いて、北極星周辺のおおぐま座（図表2-5）などのように季節によらず1年中見える星座もあるし、日本からは見えない星座もある。

　夏の星座として有名なのが、天の川の上を羽ばたいているような、はくちょう座（図表2-7）や、南の空で目立つ赤い心臓（アンタレス）をもった、さそり座などだろう。

　澄み渡った冬の夜空で有名なのは、仁王立ちする狩人オリオン（図表2-4）や、全天で一番明るいシリウスを含む、おおいぬ座（図表2-6）などだ。

図表 2-5　おおぐま座。北斗七星は柄杓の形をした7つの星々でおおぐま座の一部。

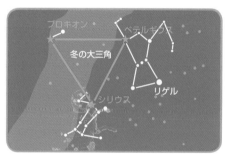

図表 2-6　おおいぬ座と「冬の大三角」

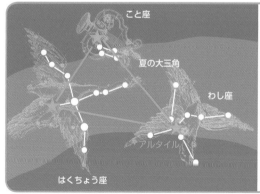
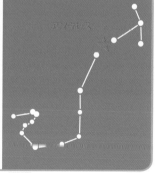

図表 2-7　「夏の大三角」とさそり座。夏の大三角は、こと座のベガ（織姫星）、わし座のアルタイル（彦星）、はくちょう座のデネブを結んだもの。星座ではないが夏の夜空で目立つ配置。図中の水色部分は天の川。

図表 2-8　季節の主な星座

春の星座	うしかい座、おおぐま座、おとめ座、しし座
夏の星座	いて座、こと座、さそり座、はくちょう座、へびつかい座、ヘルクレス座、わし座
秋の星座	アンドロメダ座、カシオペヤ座、ケフェウス座、ペガスス座、ペルセウス座、みずがめ座、みなみのうお座
冬の星座	おうし座、おおいぬ座、オリオン座、ぎょしゃ座、こいぬ座、ふたご座

注：季節の星座といっても、他の星座が見えることもあり、その季節の夜中に見えやすい星座の目安だと考えてほしい。

プラスワン

星座の正式名（学名）

星座を含め、自然界に存在する事物の名称は、正式にはラテン語で表す慣習である。たとえば、はくちょう座は、ラテン語ではくちょうを意味する Cygnus が国際的な正式名（学名）となる。ラテン語には、英語の所有格にあたる属格というものがあって、Cygnus の属格 Cygni が"はくちょう座の"という意味になる。先にも書いたように、デネブすなわち、はくちょう座（の）α星は、省略形でα Cyg と表すが、これはα Cygnus の省略ではなく、α Cygni の省略なのだ。

ほとんどの場合、属格でも属格でなくても省略形は変わらないが、みずへび座（Hydrus）は例外だ。省略形は Hyi だが、Hydrus をどう省略しても Hyi にはならない。Hyi は属格 Hydris の省略形なのだ。

なお、日本語では、学名はひらがな（カタカナ）で表すのが基本なので、Cygnus は、はくちょう座と表記する（白鳥座のように漢字で書くのは勧めない）。

プラスワン

アルゴ座

かつては、ギリシャ神話の金羊伝説の船からとったアルゴ座という巨大な星座があった。あまりに大きかったので、現在では、ほ・とも・りゅうこつに分割されている。

3節 星座の成り立ち

ポイント 星座の起源は約4000年前かそれ以上にさかのぼる。地域や時代によって、さまざまな星座が生まれ、あるいは忘れられていった。20世紀に入ってさまざまな星座が整理され、現在では全天で88個の星座が定められている。星々や星座は常に人類の歴史とともにあった。

▶ 黄道十二星座

星座名	学名／省略形
おひつじ座	Aries／Ari
おうし座	Taurus／Tau
ふたご座	Gemini／Gem
かに座	Cancer／Cnc
しし座	Leo／Leo
おとめ座	Virgo／Vir
てんびん座	Libra／Lib
さそり座	Scorpius／Sco
いて座	Sagittarius／Sgr
やぎ座	Capricornus／Cap
みずがめ座	Aquarius／Aqr
うお座	Pisces／Psc

プラスワン

12という数
黄道十二星座、1時間60分、1日24時間、1年12カ月、角度の1度が60分角、円の周囲の360°。これらの関係なさそうな数字が12の倍数なのは、古代メソポタミア文明が、12を基準とする記数法（12進数）を用いていたため。1年の日数が約365日で、360という数値に近かったことが、12進数や60進数が発展した要因だろう。

① 黄道十二星座

固定された星々を背景に、太陽はその位置を少しずつ移動する。このような天球上における太陽の通り道を**黄道**と呼んでいる。古代の天文学では、1年が12カ月あることから、この黄道に沿って、1周360°をおよそ30°で分割して12の離宮（黄道十二宮）があると考えられていた。その領域の星座を**黄道十二星座**という。メソポタミアの粘土板の記録からは、紀元前2000年頃には黄道十二星座が生まれていた。紀元前600年頃のバビロニアでは占星術が体系化され、紀元前419年の粘土板に楔形文字で黄道十二宮の名前が現れている。

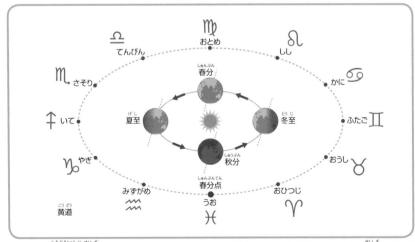

図表 2-9 黄道十二星座の星座記号と各季節における太陽の位置のイメージ（太陽のある方向の星座はその季節には見えない）。各星座名のとなりの記号は、その星座を表す星座記号。

ところで、現在のいわゆる"星占い（占星術）"において、誕生星座は誕生月には見られない。その理由は、誕生日のときに太陽が位置する星座を誕生星座としているためだ。つまり、誕生日のとき、誕生星座は

昼間、太陽とともに出ているので見られないのだ。また地球の地軸（自転軸）の方向は、約2万6000年の周期で少しずつ変化する。具体的には、黄道十二宮が生まれた当時は、**春分点**がおひつじ座にあったので、おひつじ座が黄道十二星座のトップだった。その後、**地軸の歳差**によって春分点が移動し、現在の春分点はうお座にある（また、てんびん座にあった**秋分点**はおとめ座に移動した）。したがって、現在では、黄道十二星座と占星術における黄道十二宮はひとつ分ぐらいずれているのだ。大昔に生まれた当初は占星術と天文学は重なり合っていたが、時代とともに、天文学は客観的で実証的な科学として発展していった。

　しかし 古の名残は、現代天文学でもそこかしこに散見される。たとえば、現在では春分点はうお座にあるにもかかわらず、いまでも春分点を表すのにおひつじ座の記号（Yのような記号で曲がった2本の角を表す）を使う。

── 攻略ポイント ──

星座が生まれたのは何年ぐらい前だろう？ いくつの星座があるのだろう？

▶ **春分点**
春分のときに太陽がある方向の天球上の1点（☞第3章42、48ページ）。

2章 星座は誰が決めたのか

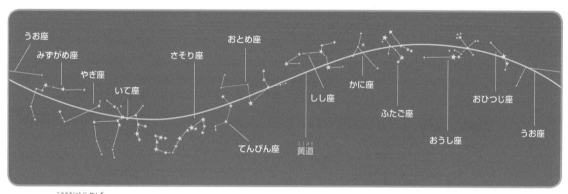

図表 2-10　黄道十二星座と太陽の動き

（図中ラベル）うお座　みずがめ座　やぎ座　いて座　さそり座　てんびん座　おとめ座　しし座　かに座　ふたご座　おうし座　おひつじ座　うお座　黄道

② 全天88星座

　星座はいろいろな時代に世界各地でさまざまなものがつくられたが、古代ギリシャ時代にヒッパルコス（☞106ページ）がまとめ、2世紀頃にプトレマイオス（☞106ページ）が決めた48星座が今日の星座の原型になっている。さらに15世紀の大航海時代になると、ヨーロッパからは見えなかった南半球の星々が星座の対象となり、船にちなんだものなど新しい星座が数多くつくられた。近代になり天文学が発展するにつれ、天空上の位置の基準である星座が整理されていないことによる不都合が目立ってきた。星座の名前や境界が人や国によってまちまちでは、実用的にも混乱を招く。

　そこで20世紀に入って、天文学者の国際的な組織である国際天文学連合（IAU）が、それまでに存在していた数多くの星座を整理した。具体的には、1922年に星座の略号を決め、1928年に星座の境界線をIAU総会で決定し、1930年に出版物で告知した。それが現在使われている**全天88星座**である。

▶ **地軸の歳差**
地球の自転軸がコマのふらつき運動のようにゆっくりと方向を変えること（☞第3章41ページプラスワン）。

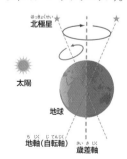

（図中ラベル）北極星　太陽　地球　地軸（自転軸）　歳差軸

▶▶▶ 天体の住所

地球（球面の外側）における位置の決め方と、天球（球面の内側）における位置の決め方はよく似ている。地球上で場所（位置）を指定する最も単純な方法は、"梅田駅"とか"通天閣の下"のように、固有名（ランドマーク）で場所を指定する方法だ。天体の場合でも、たとえば、"シリウス"とか"アンドロメダ銀河"などの固有名がこれにあたる。ただし、固有名は数が限られるし系統的ではないので、有名なもの以外は使われない。次の方法は、"本町9－99"のような所番地による住所表示で指定する方法だ。天体の場合でも、たとえば、星座名を用いた"α Cen"とか"はくちょう座X-1"、あるいはカタログ名と組み合わせた"M 31 銀河"などがこれにあたる。ただし、所番地式も数が限られ

固有名	シリウス	アンドロメダ銀河
所番地	α CMa（おおいぬ座α星）	M 31（メシエ 31）、NGC 224
赤道座標	（06h45m、－16°43′）	（00h43m、＋41°16′）

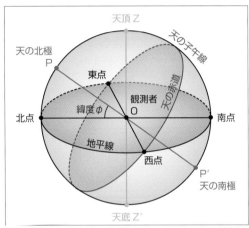

図表　天球と各名称。天の北極は真北方向から観測者の緯度φ上空に位置する。

るし普遍的な方法ではない。地球上のどの地点でも確実に指定できる方法は、（緯度、経度）という地表に張った座標で指定する方法だ。天体の場合も、どの天体でも指定できるのは天体の座標である。

天体が投影される仮想的な球面を**天球**と呼ぶ。天球上に設定した座標を**天球座標**という。基準面の取り方によって、いろいろな天球座標がある。たとえば、地球上の地平面に準拠したものが**地平座標**で、天球上に固定して地球の赤道面に準拠したものが**赤道座標**である。他にも、地球の軌道面に準拠した**黄道座標**、銀河面に準拠した**銀河座標**などがある。

地球上に固定して地平面に準拠し、高度と方位を要素とするのが**地平座標**である。

地平座標では、まず観測地点（図中のO）で重力の方向である鉛直方向を決め、重力の向きと反対方向を**天頂**、重力の方向を**天底**とする。天頂と天底を通る大円を**垂直圏**と呼び、また鉛直方向に垂直でかつ観測地点を含む平面を**地平面**とする。天体の**高度**hは、地平面から天頂に向けて測った角度で定義する（0°から90°まで）。なお、天頂から地平面に向けて測った角

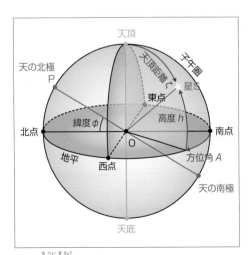

図表　地平座標（A、h）

度は**天頂距離**ζという（ζ＝90°−h）。

　次に日周運動の軸（地球の自転軸）の方向を**天の北極**（南極）という。特に天頂と天の両極を通る大円を**子午圏／子午線**と呼び、子午圏が地平面と交わる点を、北点・南点とする。天体の**方位角**Aは、天体を含む垂直圏と子午圏のなす角度で定義し、南点を起点として西回りに測る（0°から360°まで）。なお、地平面上で、方位90°の方向を西点、270°の方向を東点という。

　星や銀河はお互いの位置をほとんど変えないので、その位置を表すには、星に対して固定し

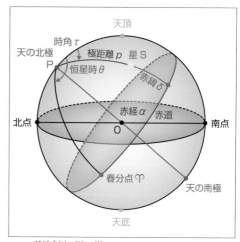

図表　赤道座標（α、δ）

た座標系の方が便利だ。そのような座標系の中で、地球の自転軸（赤道面）に準拠し、赤経と赤緯を要素とする座標系が**赤道座標**である。

　赤道座標では、まず、日周運動の軸（極軸＝地球の自転軸）に垂直な面が天球を切る大円を**天の赤道**とする。このとき、天の赤道は地平面と、東点および西点で交わる。**赤緯**δは、天体と天の両極を通る大円に沿って、天の赤道から天体まで測った角度で定義する。赤緯δは角度の度分秒（°′″）で表し、北半球を正、南半球を負とする（＋90°から−90°まで）。なお、極から天体までの角度を**極距離**pという（p＝90°−δ）。

　また、天球上で太陽の通り道である**黄道**と天の赤道が交わる点のうち、太陽が南から北へ横切る点を**春分点**という。赤道座標では、この春分点を経度方向の原点とする。そして**赤経**αは、春分点から天体と両極を通る大円が天の赤道と交わる点まで測った角度で定義する。赤経αは、春分点から東回りに（太陽の年周運動の方向）、時間の時分秒（h m s）で表す（0hから24hまで）。なお、24hが360°に相当する。

　その他の天体座標で、地球の軌道面に準拠した**黄道座標**は、地球の公転運動にともなって太陽が天球上を移動する軌跡（黄道）を基準面とする座標系だ。（赤経α、赤緯δ）に類似の方法で、（黄経λ、黄緯β）を設定する。黄道座標は地球軌道近傍や太陽系内の天体や人工衛星の運動を表す際に使われる。また銀河面に準拠した**銀河座標**は、天の川銀河の赤道面を基準面とする座標系だ。（赤経α、赤緯δ）に類似の方法で、（銀経l、銀緯b）を設定する。天の川銀河の天体現象を表す際に使われる。

　なお、観測のための天体の座標を表す星図や星表では、天体の位置は赤道座標で表されているのが普通だ。地球の運動や星自身の固有運動のために、天体の位置は長年の間に少しずつ変化する。そこで精密な位置を知る必要がある場合には、西暦何年の座標かを指定しなければならない。現在は通常、西暦2000年の赤道座標（2000年分点という）が使われている。

⋙ 天体の時刻

　太陽の日周運動を基準にした時刻システムを**太陽時**という。太陽時では、「太陽が南中（真南にある）したときの時刻＝正 12 時」とする。実際の太陽の運動を用いる時刻を**真太陽時**という。しかし地球の公転速度は一定でないため太陽の移動速度が一定でないことなどから、真太陽時は一様な時間の流れにならない。そこで天の赤道上を 1 年に等しい周期で一定の速さで運行する仮想的な平均太陽を考えて、日常生活では、その平均太陽に準拠した**平均太陽時**を用いる。すなわち、実際の太陽ではなく、平均太陽が南中したときの時刻を正午とする。平均太陽と実際の太陽は最大で 15 分ぐらいずれることがあるので、日常生活で時計が正午を示したとき、太陽は真南から少しずれていることも多い。

　一方、恒星など天体の運動（地球の自転）を基準にした時刻システムを**恒星時**という。恒星時では、「うお座の春分点が南中したときの時刻＝ 0 時」とする。

　太陽のまわりの地球の公転運動のために、地球が太陽に対して 1 回自転するのは、恒星に対して 1 回自転するのより、約 4 分長い。

　さて、あるまとまった地域では、同一の時刻を用いる方が便利である。これを**標準時**という。また時刻を定義する子午線の経度を標準子午線の経度という。さらに、本初子午線（経度＝ 0°）による標準時を特に**世界時**（UT）という。日本で使われる**日本標準時**（JST）の中央子午線は東経 135°（9h）であり、世界時より 9 時間早い（JST ＝ UT － 9h）。

⋙ 平均太陽時と恒星時の変換

　地球が太陽のまわりを回るとき、ある位置からはじめて、同じ位置まで戻ってくる時間が 1 **回帰年**だ。太陽に対する地球の自転運動と、恒星に対する地球の自転運動を考えてみるとわかるが、1 年の日数は、平均太陽時と恒星時とでは 1 日の差がある。すなわち、

$$1 回帰年 = 365.2422 平均太陽日$$
$$= 366.2422 恒星日$$

になる。

　上記のことから、ある時間間隔を恒星時で測った値と平均太陽時で測った値の比 $1 + \mu$ は、

$$1 + \mu = 1 平均太陽日／1 恒星日$$
$$= 366.2422 ／ 365.2422$$
$$= 1.0027379$$

となる。この割合は 1 日につき約 4 分になる。

　なお、日常に使っているグレゴリオ暦では、1 年の日数を、「1 年＝ 365.2425 日」と近似して、平均太陽日とのわずかな違いを**閏日**を設けて調整している。

Question 1

オーディンは何神族か。

1. ティターン神族
2. アース神族
3. オリュンポス神族
4. ヴァン神族

Question 2

星座の Orion は英語でどう読むか。

1. オリオン
2. オーリオン
3. オライオン
4. リオン

Question 3

天球座標にはいろいろ種類がある。次のうち天文学で使われない座標はどれか。

1. 星座座標
2. 赤道座標
3. 銀河座標
4. 黄道座標

Question 4

天球上で金星の通り道を何と呼ぶか。

1. 白道
2. 黄道
3. 金道
4. 特に決まっていない

Question 5

以下の星座記号で、しし座の記号はどれか？

Question 6

次の星座は何座か？

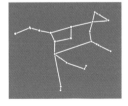

1. こぐま座
2. おおぐま座
3. カシオペヤ座
4. オリオン座

Question 7

赤経、赤緯の値が両方ともゼロになるのはどこか。

1. 春分点
2. 夏至点
3. 秋分点
4. 冬至点

Question 8

以下の黄道十二星座で、矢印の付いた星座は何座か。

1. オリオン座
2. てんびん座
3. しかく座
4. ふたご座

Question 9

次の中で星座名はどれか。

1. 夏の大三角
2. 冬の大三角
3. きたのさんかく
4. みなみのさんかく

Question 10

和名が「みずがめ座」の略号（略符）で正しいものはどれか。

1. Psc
2. Cap
3. Peg
4. Aqr

Answer 1

❷ アース神族

北欧神話の最高神オーディンはアース神族に属する。他に、巨神族としばしば混同されるヴァン神族などもある。ティターン神族（巨神族）とオリュンポス神族はギリシャ神話の神族。ちなみに、北欧神話で、戦死者を天上の宮殿ヴァルハラへ運ぶのが戦乙女ワルキューレ（ヴァルキリー）である。またアース神族とヴァン神族の最終決戦（世界の終末）がラグナロク（神々の黄昏）である。

Answer 2

❸ オライオン

天体や星座の読み方はラテン語読みが正しいが、英語の発音はかなり訛ってしまっている。たとえば、土星の衛星 Titan は原音はティタンだが、英語ではタイタンと母音の i が変化している。同じく、巨神族もラテン語ではティターン（女神はティターニス）だが英語ではタイタンと訛る。元素名のチタンはもとの読み方から。Orion もラテン語ではオリオンと読むが、英語ではオライオンと訛る。日本語では原音に近い訳になっている。

Answer 3

❶ 星座座標

天球座標は天体が投影される仮想的球面上に設定した座標のことである。赤道座標、黄道座標、銀河座標はあるが、星座に準拠した星座座標というものは使われない。

Answer 4

❹ 特に決まっていない

白道は天球上での月の通り道で、黄道は太陽の通り道。惑星の軌道面は地球の軌道面に近いので、天球上では金星その他の惑星もほぼ黄道上に位置する。

Answer 5

❷はおうし座の記号、❸はおひつじ座の記号、❹はやぎ座の記号。おひつじ座の星座記号は、黄道十二宮がつくられたときに春分点がおひつじ座にあった名残で、現在でも春分点を表すのにおひつじ座の星座記号が使われる。

Answer 6

❷ おおぐま座

北斗七星に気付いただろうか？中国や日本では「ひしゃく」の形に見立てたが、西洋では熊に見立てた。ひしゃくの柄は熊のしっぽになっている。

Answer 7

❶ 春分点

赤道座標では赤経αは春分点を基準として東回りに測り、赤緯δは天の赤道を基準として南北（北側が＋、南側が－に測るので、春分点の位置はα：0h、δ：0°と表される。

Answer 8

❹ ふたご座

オリオン座に似ているが、オリオン座は黄道十二星座ではない。名前はしかく座でもよさそうだが、さんかく座はあるものの、しかく座という星座はない。

Answer 9

❹ みなみのさんかく

夏の大三角は、こと座のベガ、わし座のアルタイル、はくちょう座のデネブを結んだもの。冬の大三角は、オリオン座のベテルギウス、おおいぬ座のシリウス、こいぬ座のプロキオンを結んだもの。どちらも星座ではない。また、さんかく座とみなみのさんかく座はあるが、きたのさんかく座はない。

Answer 10

❹ Aqr

みずがめ座は Aquarius。❶Psc は Pisces うお座。❷Cap は Capricornus やぎ座。❸Peg は Pegasus ペガスス座。いずれも日本では秋の夜空に見ることができる。

3章

TEXTBOOK FOR ASTRONOMY・SPACE TEST

～空を廻る太陽や星々～

★ 宇宙と創作

宇宙は人類最後のフロンティア。インスピレーションの源だ。はるか遠い星の住人との友情も、遠い惑星への旅も、想像の世界では、いともたやすく手に入れることができる。広い宇宙へと誘ってくれる名作映画と、独創性にあふれた作品・作家たちを紹介しよう。

『2001年宇宙の旅』（1968年公開・アメリカ）。アーサー・C・クラーク、スタンリー・キューブリック原案。スタンリー・キューブリック監督・脚本。観る人によって様々な解釈が話題となった名作。©Ronald Grant Archive/PPS通信社

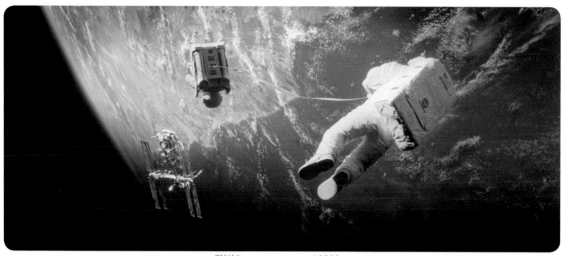

『ゼロ・グラビティ』（2013年公開・アメリカ）。ハッブル宇宙望遠鏡（☞100ページ）の修理中に、宇宙開発にともなって放出された宇宙ゴミ（スペースデブリ）に襲われた主人公の地球帰還までの物語。©Album/PPS通信社

©Collection Christophel/PPS通信社

『アルマゲドン』（1998年公開・アメリカ）。地球に衝突する小惑星の軌道を変化させるべく、石油掘削員たちが小惑星に行き、命をかけて核爆弾を地中にしかける。

『未知との遭遇』（1977年公開・アメリカ）。各地で発生するUFO遭遇事件は、人知を超えた存在とのコンタクトへの兆しだった。©Collection Christophel/PPS通信社

『ドリーム』（2016年公開・アメリカ）。1960年代初頭、差別と闘い、宇宙開発の礎を築いた黒人女性たちの活躍を実話をもとに描く。©Collection Christophel/PPS通信社

『ディープ・インパクト』（1998年公開・アメリカ）。地球に衝突する彗星に核爆弾を撃ち込んで破壊する計画は成功するか？ 2005年に映画と同名の彗星探査「ディープインパクト」が実際におこなわれた。こちらは彗星を破壊せず、内部から放出された物質を観測した。©Album/PPS通信社

『宇宙兄弟』（小山宙哉、2008年より講談社『モーニング』にて連載中）。幼い頃から宇宙好きだった兄弟。時は流れて2025年。宇宙飛行士となった弟・日々人。一方、会社をクビになり無職の兄・六太。宇宙を目指す六太の挑戦が始まる。

『インターステラー』（2014年公開・アメリカ）。2016年2月に直接検出に成功したことが発表された「重力波」を扱った信号伝達が出てくるSF作品。©Album/PPS通信社

© 新潮社

『宇宙のあいさつ』（星新一、1977年）。短編小説よりも短い小説「ショートショート」を多数執筆した日本人SF作家、星新一は、宇宙に関する作品も数多く残している。

©Granger/PPS通信社

©University Images Group/PPS通信社

「SFの父」と呼ばれる、小説家ジュール・ベルヌ（1828～1905）。19世紀後半に発表した『月世界旅行』は、ヴェルナー・フォン・ブラウンやコンスタンチン・ツィオルコフスキーなど、宇宙ロケット開発の先駆者たちに影響を与えたといわれる。

©Bridgeman/PPS通信社

©HIP/PPS通信社

ジュール・ベルヌと並び称されるSF作家、H・G・ウエルズ（1866～1946）。『宇宙戦争』（1898年）は火星人が地球に襲来するという独創的な想像力で人々を夢中にした。後年、映画化されている。

3章

1節 朝日は東から昇り 夕日は西へ沈むのはなぜ

ポイント 毎日毎日、朝が来ると東の地平から日が昇り、夕方には西の地平へ日が沈む。人々の暮らす大地の上をお日さまが動いているかのように思える。動いているのは太陽なのだろうか、それとも大地なのだろうか。日々の生活で見ている太陽の動きを考えてみよう。

プラスワン

正確には、太陽と地球を含む太陽系全体は、宇宙空間の中を動いている（☞6章図表6-6）。

▶（太陽の）日周運動 ☞用語集

▶（地球の）自転 ☞用語集

プラスワン

正午
12時を正午と呼ぶのは、昔の暦で11時から13時までを午の刻としていたため。

▶**白夜**
白夜の南極で撮られた太陽の連続写真。白夜とは反対に極夜と呼ばれる太陽が地平線上に出てこない日もある。

© 宮嶋茂樹/PPS通信社

① 動いているのは太陽か、それとも地球!?

朝が来ると太陽が東から昇り、南の空を通って、夕方には西に沈んでいくことは、日々の生活でいつも経験しているだろう。宇宙や地球のことを何も知らなければ、古代に人々が思ったように、まるで大地のまわりを太陽が回っているように見える。しかしこれはあくまで見た目の現象であり、実際には太陽は動いていない。これはどういうことなのだろうか。結論から言えば、動いているのは太陽ではなく、地球の方なのだ。

公園にある回転遊具や遊園地にあるメリーゴーラウンドに乗ったときのことを想像してみてほしい。回転遊具に乗ると、自分が回転することによってその回転方向とは逆向きに周囲の景色が回っているように見える。同じように、太陽が東から西へ動いて見えるのは、地球が西から東へ向かって回転しているためなのだ。地球は宇宙空間の中で、ボールを

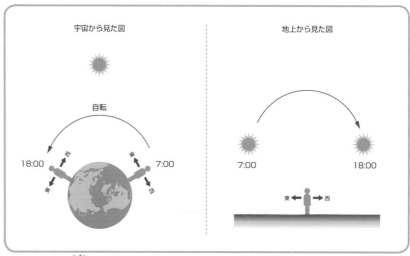

図表 3-1 地球の自転と太陽の動きの関係

くるくる回すように、北極の方向から見ると反時計回りに回転している。この地球の回転運動を**地球の自転**と呼んでいる。

② 太陽の通り道が傾いているのはなぜ?

さて、地球が自転しているとすれば、単純に考えると太陽は地平から垂直に昇って、そのまま頭上の空を通り、地平に沈んでもよさそうな気がする。しかし実際には、日本で見ている限り太陽は東の地平から"斜めに"昇って、南の空を通り、西の地平へ"斜めに"沈んでいくようなルートを通っている。これはどういうわけだろう。

実際、赤道直下では上に書いたように太陽が東の地平からほぼ垂直に昇り、頭の上を通って西の地平へほぼ垂直に沈んでいく。また、北極地方や南極地方では1日中太陽が地平線付近にあって沈まない**白夜**と呼ばれる日がある。つまり、太陽が斜めに昇り、斜めに沈んでいくのは、日本が赤道直下でもなく極地域でもない、地球上の"北緯20°から45°"という位置にあるためなのだ。

図表3-2 太陽が沈むときの連続写真 © 大分市、川田政昭

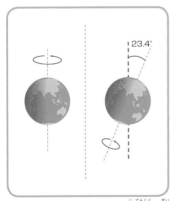

図表3-3 太陽の方向に対して自転軸が垂直な場合(左)と23.4°傾いている場合(右)

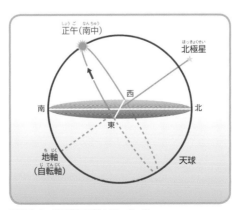

図表3-4 地平線の下側も回っている

---攻略ポイント---

太陽の動きと地球の自転の関係を理解しよう

▶ 地軸(自転軸)
☞用語集

▶ 南中 ☞用語集

プラスワン

太陽の下側が地平線にかかってから上側が完全に沈むまで、日没にかかる時間はどのくらいだろう。
5分くらいと思っている人が多いようだが、実際にはたったの2分ほどである。

▶ 日没にかかる時間の計算方法

太陽の見かけの大きさは角度で約0.5°で、全周360°の720分の1になる。太陽は全周360°を24時間かかって移動するので、太陽のみかけの大きさだけ移動する時間は、24時間÷720=2分となる。

地平線に対して垂直に太陽が移動する場合(赤道)は、上の見積もりでよいが、図表3-2のように斜めに移動する場合は、日没の際の移動距離が長いため、日没にかかる時間は長くなる。具体的には、北緯35°(=地平線に対する垂線と太陽の移動方向の角度)では、日没にかかる時間は2分半近くになる。

▶ 十干十二支 ☞用語集

▶ 天球 ☞用語集

夜空の星々も動いている!

3章

2節

> **ポイント**　日が沈み宵闇が訪れると、晴れた日には夜空に星々が輝いて見える。夜空の星々を眺めていると、星々も時間が経つにつれて位置を変えていることに気づくだろう。

▶ (星の)日周運動
　☞用語集

▶ 星座の形は見かけ上のもの
天球上に貼りついているように見える星座だが、実際には平面ではなく奥行きのある構造をしている。オリオン座を例に挙げると、ベテルギウスは地球からの距離が 500 光年、リゲルは 860 光年と、この 2 つだけでも 360 光年もの違いがある。星座の形は地球から見たときにしかその形に見えない。見る角度を変えれば星座を形づくる星々は全く違う位置関係になってしまうのだ。

プラスワン

恒星までの距離
地球から最も近い恒星である太陽までの距離は、およそ 1 億 5000 万 km である。これは光のスピードで約 8 分かかる距離。次に近い恒星はアルファ・ケンタウリ（ケンタウルス座 α 星）。光のスピードでも 4 年以上かかる。

攻略ポイント

星々の動きと地球の自転の関係を理解しよう

① 星々の動きも地球が原因!?

　今度は夜空に見える星々の動きについて考えてみよう。夜空の星座や星々は、やはり太陽と同じように、東から昇り、南の空を通って、西へ沈んでいくようにみえる。

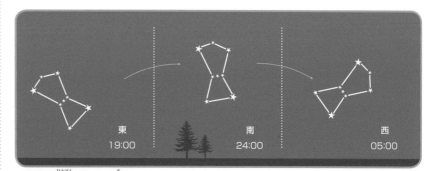

図表 3-5　一晩のオリオン座の動き

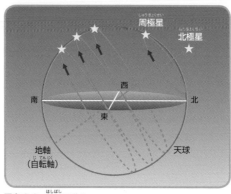

図表 3-6　星々の動き

　図表 3-5 は、冬の代表的な星座、オリオン座のある一晩の動きを表している。星々はお互いの位置関係を変えないまま、太陽と同じく、東の地平から斜めに昇り、南の空を通って、西の地平へ斜めに沈んでいくことがわかるだろう。

　夜空に見える星座を形づくっているような星々は、太陽の仲間で自ら光り輝いている恒星と呼ばれる天体である（☞第 1 章 10 ページ）。太陽は極端に近くにあるために

まぶしく見え、他の多くの星々は遠くにあるために光る点のようにしか見えないだけである。そして星々も太陽と同じくほとんどその位置を変えることはない。すなわち夜に見られる星々の動きも、太陽の動きと同じく、地球の自転が原因なのだ。

② 一晩中みえている星々がある？

北の空の星々はどのように動いて見えるだろうか？　北の空にカメラを向けて、シャッターを押し続けると（露光し続けると）、図表3-7のような写真が撮れる。

これからわかるように、北の空では星々は円軌道を描くように動いて見える。また、夜の間ずっと見えている星々もあることがわかる。そしてこれらの星々が描く円軌道の中央に位置しているのが北極星だ。北極星は地軸（自転軸）のほぼ延長線上にあるため、ほとんど動かずに北の空で星々が描く円軌道の中心点となるのである。北極星の高度は観測地の緯度に等しく、北緯35°（日本付近）だと高度35°になる。たとえば、北緯35°の位置から見える北極星の高度は35°である（☞ 43ページプラスワン）。

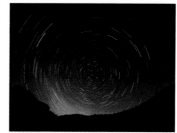

図表 3-7　北の空の星々の動き © 藤井旭

さて、図表3-7からは読み取ることができないが、北の空の星々は反時計回りに回転して見える。ではどうしてこのように見えるのかを考えてみよう。

地上から見える空をドーム状と仮定し（図表3-8）、観測者は図の位置にいるとする。球の下半分は地面の下になるので観測者からは見えていない。球の真ん中を貫くのは地球の地軸（自転軸）である。

さて、球面に描かれた円は星々の軌道である。すると南の空では軌道の上部しか見えていないのがわかるだろう。一方、北の空では円軌道のすべてが見えている。先ほども述べたように地軸の延長線上にあるのが北極星で、この北極星から離れるにしたがって星の軌道が描く円の直径が大きくなっていくのがわかるだろう。やがて再び直径は小さくなっていくが、途中から円の上部しか見えていないことに気づくだろうか。これがまさに北の空では星の軌道が描く円がすべて見えて、南の空では一部しか見られない理由である。

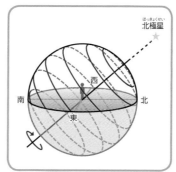

図表 3-8　星々の動きと北極星

プラスワン

カシオペヤ座
カシオペヤ座は「M」や「W」の形にたとえられ、北の空に見つけやすい星座のひとつである。

カシオペヤ座 © 藤井旭

▶ **北の空の星座**
北の空で代表的なものといえば、カシオペヤ座と北斗七星だろう。北極星を中心にこの2つは向かい合って回っているようにも見える。

▶ **北極星**
地球の地軸（自転軸）の北の延長線上にある星。こぐま座のしっぽの先っちょにあたる。英語名はポラリス。

プラスワン

北極星の移り変わり
「北極星＝ポラリス」は永久的なものではない。地球は長い年月をかけて地軸の向きを変えている（＝歳差 ☞ 2章29ページ）ため、現在はポラリスを向いているが、今から1万3500年ほど前はベガが北極星であったし、8200年後はデネブが北極星となる。

▶ **周極星** ☞用語集

3節 夏は暑く冬は寒いのはなぜ?

ポイント 日本には春夏秋冬の四季がある。一方、熱帯地方は常夏だし、北極や南極は1年中寒い。日本で季節の生まれるわけは、地球の地軸（自転軸）が傾いていることと、地球上での日本の位置に隠されている。また、体感的に日差しが強いのは6月下旬の夏至の頃だが、もっとも暑くなるのは8月ぐらいだ。これはなぜだろう?

▶ **春分・秋分**
二十四節気のひとつ。太陽は真東から昇り、真西に沈む。昼夜の長さがほぼ等しくなる。

▶ **夏至・冬至**
二十四節気のひとつ。夏至の日の太陽は、図表3-9のように太陽の通り道の中で最も北寄りの位置から昇り、最も北寄りの位置へ沈んでいく。逆に冬至の日の太陽は、最も南寄りの位置から昇り、最も南寄りの位置に沈む。北半球では、南中高度が最も高くなるのが夏至で、昼間時間が1年のうちで最も長くなる。冬至には南中高度が最も低くなり、昼間時間が1年のうちで最も短くなる。

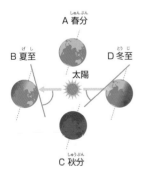

1 暑さの原因は夏至ごろにある

　再び太陽の動きを考えてみよう。今度は1日の動きではなく、1年間を通した動きを考えてみたい。

　1年間を通して、地上から太陽の動きを観察してみると、季節によって日の出日の入りの位置や時刻が変わることに気づく。夏には日の出（日の入り）の位置は真東（真西）より北寄りにあり、結果として太陽は南の空高くを通ることになり、太陽が出ている時間も長くなる。逆に、冬には日の出（日の入り）の位置は真東（真西）よりも南寄りにあり、結果として太陽は南の空の低い位置を通ることになり、太陽が出ている時間も短くなる。

　また、太陽の光が高い角度から照射されるのと、低い角度から照射されるのとでは、地表面が受け取るエネルギーの量が大きく異なる。図表3-10のように、懐中電灯で地面を照らすようすを想像してみてほしい。高い角度から、たとえば地面に対して垂直な方向（真上）から照らすと地面は最も明るくなる。しかしそれを斜めに傾けて低い角度

図表 3-9 太陽の動きの季節による違い

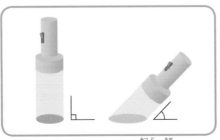

図表 3-10 光の角度とエネルギーの密度の違い

から照らすと、照らされる面積は広くなるが、明るさは減ってしまう。つまり、より高い角度から光を照射される方が、地表面はより密度の高いエネルギーを受け取ることになるのだ。

さらに、太陽の光が高い角度から地球に降り注ぐと、通過する大気の厚さが小さく（薄く）なり、そのぶん大気で吸収されるエネルギーが少なくなるため、より多くのエネルギーが地表面まで届くことになる。逆に、低い角度から地球に降り注ぐと、通過する大気の厚さが大きく（厚く）なり、そのぶん大気で吸収されるエネルギーも多くなる。昼間の高い位置にある太陽はまぶしくてとても直視できないが、明け方や夕方の地平線近くにある太陽はそこまでまぶしく感じないのはこのためである。ただし、まぶしくなくても太陽を裸眼で見ることは避けるべきである。したがって、夏の暑さの原因は、夏至（6月21日前後）の頃に太陽が最も高い位置を通るからと言える。

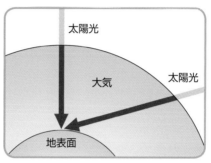

図表 3-11 大気の厚さとエネルギー吸収の違い

② 平均気温が高いのは 8 月頃

ここまでの話だと、夏至の頃が最も暑いと考えるのが自然である。しかし、6月下旬の夏至の頃よりも8月の方が暑いことをわれわれは経験的に知っている。つまり、最も太陽からエネルギーを受け取っている6月下旬から2カ月ほどたって暑さのピークがやってきているというわけである。

なぜこのような時間差が生じるのだろうか。じつは、地球が太陽から受け取ったエネルギーは、すぐに気温に反映されるわけではないのだ。地球表面の約7割は海であり、夏至の頃の太陽光の多くが海に降り注ぐ。海水には温度変化がゆるやかな特徴があり、温まるのにも冷めるのにも時間がかかるため、約2カ月後の8月にようやく気温に反映されるのである。また、冬至のある12月よりも2月の方が気温が低い理由も同様である。

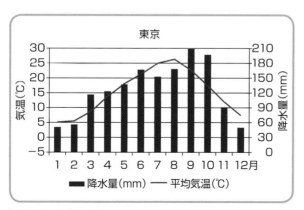

図表 3-12 東京の平均気温

プラスワン

二十四節気

春分・夏至・秋分・冬至は、もともとは、1年の4つの季節をさらに6つにわけて、1年を通した季節の変化を示す二十四節気からきている。二十四節気は、春分から順に以下のようになっている。聞いたことのある呼び名もあるだろう。

節気名
立春、雨水、啓蟄、春分、清明、穀雨
立夏、小満、芒種、夏至、小暑、大暑
立秋、処暑、白露、秋分、寒露、霜降
立冬、小雪、大雪、冬至、小寒、大寒

プラスワン

北極星の高度

北極星の高度は、北半球では観測地の緯度と等しい。北極星は地軸の延長線上にあると考えてよいので、たとえば北極から観察すれば北極星は真上（高度90°）に見える。一方、赤道上から北極星を観察すると、北極星は真横つまり地平線の高さ（高度0°）にある。北極星はとても遠くにあるので、地軸と平行な直線上に見えると考えていい。だから、観測地の地平面と地軸に平行な直線が作る角度が北極星の高度となる。そしてこの角度は、緯度と等しくなる。

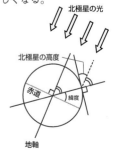

4節 季節の星座が違う理由

> **ポイント** 日本では季節によって見えやすい星座や見えにくい星座がある。星々の1年の動きと季節の星座が生まれる理由を考えてみよう。

▶ (地球の)公転 ☞用語集

▶ 年周運動 ☞用語集

▶ 春分点 ☞用語集

▶ 星占い

夏の夜に見えやすい星座は黄道十二星座の中ではさそり座やいて座である（図3-13）。黄道十二星座とはいわゆる星占いに使われている星座のことだが、さそり座は10月24日から11月22日の間、いて座は11月23日から12月21日の間に生まれた人にあてがわれており、決して夏生まれの人とはいえない。

これは、生まれたときに、太陽がどの星座の位置にあるかを基準として定めているためで、その時期に見えやすい星座で決めたわけではないのだ。なお、これはあくまで星占い（占星術）の話であって、「天文学」とは区別してとらえておく方がいい。

① 地球の公転運動と季節の星座

　すでに述べたように、季節によって、見えやすい星座や見えにくい星座がある（☞第2章27ページ）。季節によって見える星座が違う理由も地球の公転運動を考えるとわかりやすい。

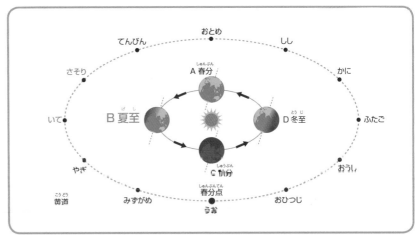

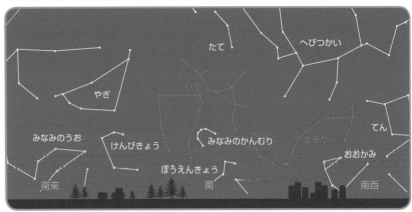

図表 3-13 夏の星座と地上（日本）からの夜空

地球は自転しているのだから、地球上のある地点は太陽の光が当たっている場所と当たっていない場所を交互に体験する。太陽の光が当たっている場所にいるときが昼で、当たっていない場所にいるときが夜である。星座の星々が見られるのは夜、つまり太陽の光が当たっていない場所にいるときなので、星座を形づくる星々は太陽と反対方向の宇宙空間にあるということになる。

図表3-13、3-14のA点を春だとすると、おおよそB点が夏で、C点が秋、D点が冬となる。そのとき太陽と反対側に見えるのがその季節の代表的な星座なのだ。すなわち春分の頃は太陽と反対側のおとめ座がよく見える。夏にはさそり座やいて座が見頃になる。みずがめ座は秋の星座となる。そしておうし座やふたご座は冬の星座だ。

ところで、夏なのに冬の星を見ることができる時がある。それは皆既日食の時だ。太陽が月によって隠されるため、あたりが薄暗くなる。するとふだんは太陽が明るすぎて見えていない星が姿を現すのである。ちなみに、次回日本で皆既日食が見られるのは2035年9月2日である。そのとき、あなたは何歳で、どこで何をしているだろうか。

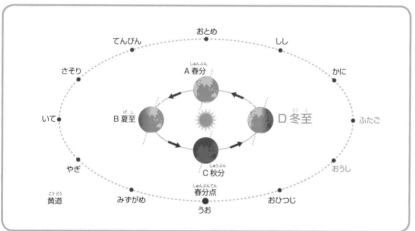

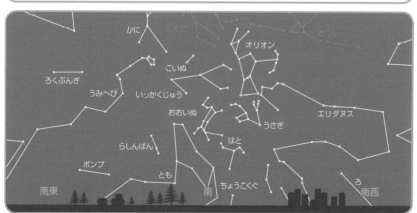

図表 3-14 冬の星座（日本）と地上からの夜空

攻略ポイント

季節の星座と地球の位置関係をおさえよう。

▶ シリウス☞用語集

▶ 南半球の星座
南半球では、北半球に位置する日本とは季節が逆になる。オーストラリアのクリスマスは夏で、サンタクロースは半袖のシャツでやってくるといった具合だ。図表3-13にあるような日本で冬の星座と言われるものはオーストラリアだと夏の星座ということになる。ちなみに、星座の見え方も上下左右すべて反対になる。

2月中旬20時頃のオリオン座。北半球の東京（上）と南半球のアデレード（下）では上下左右逆に見える。

▶ 皆既日食
見かけ上、太陽がすべて月に隠される現象（☞4章6節）。

▶▶▶ 方位と十二支

昔は方位を十二支で表していた。「子」が真北、「午」が真南を指すので、真北と真南を結んだ仮想的な直線を「子午線」と呼ぶ。したがって、単に「子午線」というと地球上のどこででも南北を結ぶ直線は「子午線」と呼ぶことができる。

日本で最も有名な子午線は日本の標準時を定めている東経135°の日本標準時子午線だろう。日本標準時子午線が通る町といえば明石市立天文科学館のある兵庫県明石市が有名だが、他にも京都府の京丹後市、福知山市、兵庫県の豊岡市、丹波市、西脇市、加東市、小野市、三木市、神戸市、淡路市、和歌山県の和歌山市がある。

ところで、明石市立天文科学館は日本標準時子午線上に建っていることを謳っているが、地図を見てみると東経135°の経線上にない。一体これはどういうことなのだろうか。じつは、経緯度には2種類あるのだ。1つは天体観測によって決められた天文経緯度で、もう1つは地上での測量と計算によって決められた測地経緯度である。地図に表示されているのは測地経緯度だが、明石市立天文科学館は天文経緯度の東経135°の経線上に間違いなく建っている。

▶▶▶ 太陽の南中高度計算法

「南中高度」とは、太陽が真南にきて、一番高く昇ったときの地平線との角度をいう。太陽の南中高度は場所（緯度）によって異なる。日本は、北緯35°あたりに位置するので、太陽の南中高度は、以下の計算から求められる。

春分・秋分の太陽の南中高度＝90°－35°＝55°
夏至の太陽の南中高度＝90°－35°＋23.4°＝78.4°
冬至の太陽の南中高度＝90°－35°－23.4°＝31.6°

注意：図は実際の角度を大げさに表現している

春分・秋分　　　　夏至　　　　冬至

Question 1

『月世界旅行』の作者で、宇宙ロケット開発の先駆者たちに影響を与えたとされる「SFの父」と呼ばれる人物は誰か。

1. ジュール・ベルヌ
2. H・G・ウエルズ
3. ヴェルナー・フォン・ブラウン
4. コンスタンチン・ツィオルコフスキー

Question 2

古くから季節の節目として呼びならわされている二十四節気は、次の何によって決められているか

1. 天球上の太陽の動き
2. 天球上の月の動き
3. 天球上の恒星の動き
4. 暦上の日付

Question 3

夏至において、太陽が天頂を通る地点の緯度として最も適切なものを選べ。

1. 北緯 90°
2. 北緯 66.6°
3. 北緯 23.4°
4. 0°

Question 4

夏至は 6 月 20 日頃だが、日本で一番暑いのは 7 月から 8 月。これはなぜか。

1. 夏至の頃は梅雨なので雨で冷やされ、暑くならない
2. じつは夏至が一番暑いのだが、感覚として 7 月が暑いように思っているだけ
3. 夏至の後も太陽の熱エネルギーが海水に溜められる時期が続くから
4. 中国からの黄砂の影響が夏至の頃は残っているから

Question 5

歳差運動によって、天の北極は移り変わっていくが、北極星の役割とならない星はどれか。

1. ベガ
2. デネブ
3. ポラリス
4. アルデバラン

Question 6

次の星座のうち、日本で季節によらず 1 年中見える星座はどれか。

1. カメレオン座
2. はえ座
3. こぐま座
4. はちぶんぎ座

Question 7

北半球では、星々は、東から昇って西の空へ沈んで見える。では、南半球ではどう見えるか。

1. 東から西
2. 西から東
3. 南から北
4. 北から南

Question 8

次の黄道十二星座のうち、南中高度が最も低いのはどれか。

1. ふたご座
2. うお座
3. さそり座
4. しし座

Question 9

日本で夏の星座の「いて座」が冬至の前後の空に見えない理由は？

1. そのときに南半球に行けば見えるから
2. 太陽と重なった方向にあるから
3. もともと「いて座」は見えない星座だから
4. 冬はスモッグが発生しやすいため

Question 10

日本に四季が生じるわけとして、最も関係の深いものを次から選べ。

1. 太陽との距離が変わるから
2. 日本は海に囲まれているから
3. 太陽活動の栄衰によって地球に届くエネルギー量が変わるから
4. 地軸の傾きにより年間を通して日照時間が変わるから

Answer 1

① ジュール・ベルヌ

ジュール・ベルヌは『月世界旅行』や『海底二万里』などの数々のSF作品を残した。ベルヌと並び称されるSF作家、H・G・ウエルズは、火星人が地球に襲来するストーリーを描いた『宇宙戦争』を発表した。ヴェルナー・フォン・ブラウンは、第二次世界大戦下のドイツで兵器として悪名高いV2ロケットの開発に携わり、アメリカに亡命後、アポロ計画を先導した。コンスタンチン・ツィオルコフスキーは帝政ロシア・ソ連の科学者で多段式ロケットや宇宙ステーションなどを最初に考案した。

Answer 2

① 天球上の太陽の動き

二十四節気は、天球上の春分点から太陽が移動した角度で決められる。

Answer 3

③ 北緯 23.4°

地球の自転軸が黄道面に対して垂直でなく、23.4°傾いているため。

Answer 4

③ 夏至の後も太陽の熱エネルギーが海水に溜められる時期が続くから

日本付近では夏至の頃、太陽が真上近くから照りつけ、日も長いので太陽から受け取るエネルギーは最大になる。しかし、その後も多少減りはするものの、太陽から多くのエネルギーを受け取る時期が続く。そのため特に熱が逃げにくい海水にエネルギーが蓄積され暑くなる。同様なことは1日の中でも見られ、正午よりも2時頃の方が、気温が高い。これは海水ではなく空気の暖まり方による。

Answer 5

④ アルデバラン

歳差は2万6000年周期。その周期のほぼ半分にあたる今から1万3500年ほど前は、ベガが北極星だった。8200年後はデネブが北極星の役割を果たす。現在はポラリスが北極星（☞41ページ プラスワン「北極星の移り変わり」）。

Answer 6

③ こぐま座

はえ座、カメレオン座、はちぶんぎ座は主に南半球で見える星座たち。こぐま座には天の北極を示す北極星がある。

Answer 7

① 東から西

太陽も月も星もすべて東から昇ってきて西へ沈む。

Answer 8

③ さそり座

黄道十二星座は、ほぼ黄道上にあるため、太陽高度が高い季節に、深夜南中する星座が、黄道上で太陽の反対側にあることになり、高度は低くなる。

Answer 9

② 太陽と重なった方向にあるから

p.44の図を見てほしい。いて座がよく見えるのは夏の前後。春や秋でも時間さえ工夫すれば見えるが、冬至だと太陽と重なり、昼間の空に出ることになって見えない。南半球に行っても太陽と地球といて座の位置関係は変わらないので、見えるようにはならない。いて座は確かに都会では見えにくいが、郊外に行けば苦もなく見える立派な星座である。また、スモッグがあろうがなかろうが、冬至の時期は見えないので関係がない。

Answer 10

④ 地軸の傾きにより年間を通して日照時間が変わるから

地軸が傾いているために図表3-9のように日照時間が一年間で変化する。

★ おまけコラム ★

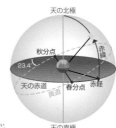

赤経・赤緯

地軸と天球が交わる点のうち北側のものを**天の北極**、南側の交点を**天の南極**といい、地球の赤道面を天球まで延長し、天球上に交わってできる円を**天の赤道**と呼ぶ（☞30ページ）。

天球上に天体の位置を示す場合には、**赤経・赤緯**を用いる。地球儀の経度・緯度を思い浮かべるとわかりやすい。地球の緯度に相当するのが赤緯で、赤道を0°とし、北へはプラス、南へはマイナスとして、それぞれ90°までで表す。地球の経度に相当するのが赤経で、春分点を起点とし、西から東へ0から24時まで時間単位で測る。

春分点とは、黄道（☞2章3節）と天の赤道との2つの交点のうち、黄道が南から北へ交わる方の点をいう。春分点が赤経0°となる。春分点を太陽が通過する瞬間が春分だ。

4_章

TEXTBOOK FOR ASTRONOMY·SPACE TEST

〜太陽と月、仲良くして〜

★ 月の誕生 〜ジャイアントインパクト説〜

地球の衛星、月は、どのようにして誕生したのだろうか。現在有望視されているのは、惑星がつくられていた頃に、火星程度の大きさの天体（原始惑星）が地球（原始地球）にぶつかってできたというジャイアントインパクト（巨大衝突）説である。図①から④はコンピュータ・シミュレーションを元に月誕生の様子を描いた想像図である。

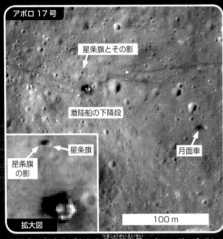

アポロ 17 号
- 星条旗とその影
- 着陸船の下降段
- 星条旗
- 星条旗の影
- 月面車

拡大図　　　　100 m

2009 年に打ち上げられた月周回衛星ルナー・リコネサンス・オービター（LRO）は、アポロ 17 号の宇宙飛行士が月面に立てた星条旗と影の撮影に 2011 年に成功した。ただし、人類史上初の月面着陸を果たしたアポロ 11 号の旗は離陸時の噴射で吹き飛ばされたらしく、確認できなかった。

約46億年前　　　現在 ☝

誕生から間もない頃の月の想像図。当時、月は現在よりも地球から近い場所にあったと考えられている（64 ページ、プラスワン）。

● 月の形成の動画
動画および図表①〜④
© 可視化：武田隆顕／シミュレーション：
Robin M. Canup（Southwest Research
Institute）（巨大衝突）、武田隆顕（月集積）
／国立天文台４次元デジタル宇宙プロジェクト

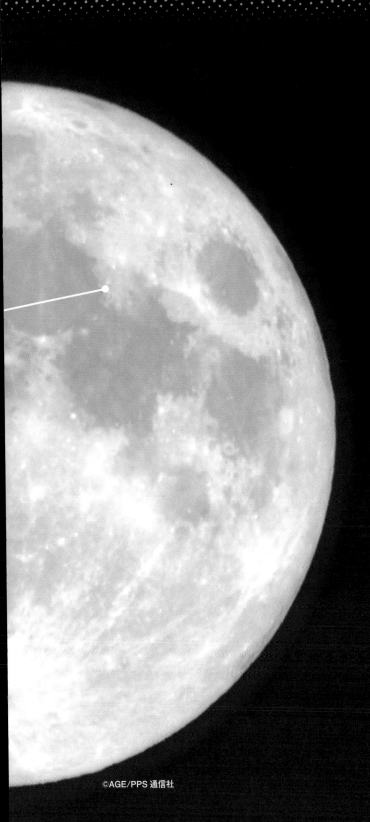

4章　太陽と月、仲良くして

①

およそ46億年前、太陽系ができかけの頃、原始地球に火星サイズの原始惑星がななめ方向から衝突。

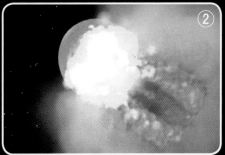

②

原始地球と原始惑星を形づくる物質の一部が、ばらばらになり飛び散る。

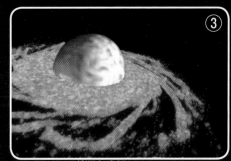

③

飛び散って冷えた溶岩状の物質は、地球のまわりに広がり、土星の環のような円盤を形成。地球のまわりを回りながら、互いの重力で集まり無数の塊（月の種）ができる。

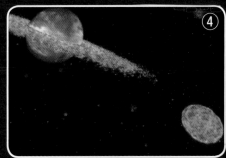

④

月の種は地球に近すぎると地球の重力に邪魔されてまとまることができない。地球からある程度離れた場所で衝突、合体を繰り返し徐々に１つにまとまっていく。合体が始まってから約１カ月で月が誕生したと考えられている。

1節 太陽と地球と月のややこしい関係

> **ポイント** 地球は太陽のまわりを回っている。また月は地球のまわりを回っている。ただそれだけのことだが、われわれが住む地球から見るだけで、それぞれがどのように動くのかを理解することは随分ややこしい。しかし、地球にいる人類がすでにそのややこしい運動を完全に把握していることは素晴らしい。

▶ **地球の直径**
紀元前のギリシャ人、エラトステネス（BC 275 ～ BC 194）は、地球の直径を測ることに成功している。

▶ **ルナとアポロ**
月への一番乗りはソ連とアメリカが激しく競っていた。最初、優位に立っていたソ連は 1966 年、世界で初めて月にルナ 9 号を軟着陸させた。しかし、アメリカはそのわずか 4 カ月後に月面着陸に成功して後を追った。そしてアポロ 8 号で有人での月周回に成功した後、1969 年 7 月 20 日にはアポロ 11 号により、人類として初めて 2 人の宇宙飛行士が月面に降り立ったのである。しかし、その後月面に降り立った人間の数は 10 名増えたにすぎない。

©NASA

▶ **公転運動** ☞ 用語集

① 地球の運動

その表面で生命を育むわれわれの地球は、直径が約 1 万 3000km もある巨大な岩石と金属でできた球だ。その地球は約 1 日で自転し、その自転を約 365 回している間に地球は太陽から約 1 億 5000 万 km 離れたところを公転する（☞ 第 3 章）。赤道での自転速度は地表で秒速 500m、公転速度は秒速約 30km にも達する。この太陽を 1 周する円を含む面が公転面で、地球から眺めると、まるで空の星座を横切って通る 1 本の道筋のように見えるため、**黄道**と呼ばれる。地球の自転軸はこの公転面に対して垂直ではなく、少し傾いている。地球はこの地軸を歳差運動（☞ 第 2 章 29 ページ）をゆっくりしながらも、その方向をほぼ一定にして太陽の周囲を公転している。また公転軌道も完全な円ではなく、ほんの少し楕円である。

図表 4-1 動いている「かぐや」から見た「地球の入り」。ただし、月面からは地球はほとんど動かない。©JAXA/NHK

② 太陽の運動

太陽は地球の 100 倍程度もの直径の超巨大なガス球である。地球や月

と違って非常に高温で、固い地面はない。その太陽もゆっくり自転しているが、はっきりとした地面はないので、太陽の赤道からの距離によって自転周期は25日から30日と異なる。じつは太陽も宇宙空間の中を運動しているが、太陽の質量はものすごく大きいので、われわれの**太陽系**（☞5章）の中ではほとんどじっとしているように考えてもかまわない。

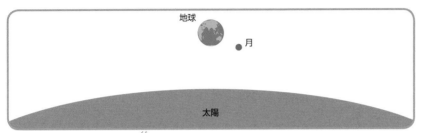

図表 4-2　太陽と地球と月の大きさ比べ

③ 月の運動

　月の直径は約3500kmと、地球の1/4程度で、その表面積はアフリカ大陸と同じぐらいである。そして、その小ささから質量は地球の1%程度にすぎない。また、地球と違って、その表面には空気も流れる水もない。その月も27.3日で自転する。そして自転しながら地球から約38万km離れたところを自転と同じ周期で1周（公転）する。その公転半径38万kmは地球の約30個分に相当するから、これでもかなりの距離だ。でも地球の太陽を中心とする公転半径と比べると400分の1。いずれにしても月は、太陽のまわりを公転しながら自転する地球の、そのまたまわりを自転しながら回っている。それをわれわれは地球上のある地点から眺めている。ややこしいと感じるかもしれないが、それぞれの質量や大きさは随分と違うので、順を追って考えていけば、それほどでもない。

　たとえば、実際には月にはたらく地球の力は太陽からの力の約半分だ。また月の地球のまわりの公転周期は約1カ月、だから宇宙から見れば、地球は太陽のまわりを回り、月はその地球のまわりを回っている。しかし、太陽を中心とした地球と月の軌道を描くと、お互いのずれは円の半径の約400分の1なので、地球も月もほとんど重なってしまい、太陽を中心に完全な円運動をしているようにみえる。

図表 4-3　地球と月

地球や月の軌道はこの線の幅の中に納まる

約10倍に拡大した太陽

図表 4-4　地球と月の軌道

▶ **レゴリス**
天体の表面を覆う堆積層で、砂や岩屑からできている。衝突破片であるガラス片や粉末（ダスト）を多く含む。100万年あたり1.5mm程度で降り積もると考えられている。月の古い地域である高地では、レゴリスの厚さは20〜30mに達する。月がお盆のように平板にしか見えない理由もこのレゴリスによるものである。

©NASA

▶ **月の資源**
微量だがレゴリスに含まれるヘリウム3が核融合炉における燃料として注目されている。月には数百万 tの埋蔵が見込まれているが、1万tで全人類の100年分に相当するエネルギーを生むといわれる。またレゴリスそのものもガラスやセラミックの材料として加工できる。月そのものは全体として金属が少ないが、岩石にはアルミニウム、チタン、鉄などの金属が豊富に含まれている場所がある可能性が高い。

▶ **太陽系** ☞用語集

プラスワン

スーパームーン
月の公転軌道も楕円なので、地球と月の距離は変化する。満月のとき、月が地球に近いときで、遠いときに比べて1割以上大きく見える状態をスーパームーンということがある。しかし、じつははっきりとした定義のある言葉ではない。

2節 青空はどうして青い、夕日はなぜ赤い

ポイント 真っ青に抜けるように広がる青空、1日の終わりに真っ赤になって沈む夕日、いずれも美しい風景だ。でも、どうして雲のない昼間の空は青く、夕日は赤いのだろう。月世界や宇宙では昼も夜もなく、いつでも星が輝いているのに、なぜ地球上からは昼間に星は見えないのだろう。

プラスワン

虹の七色
日本では『硝子のプリズム』（1984年 作詞：松本隆、作曲：細野晴臣、歌：松田聖子）の歌詞にも登場するように赤橙黄緑青藍紫（せきとうおうりょくせいらんし）の7色。これはそもそもニュートンが『光学』という本に、音階から連想したという七色を書いたことに由来する。ただし『光学』には紫の部分は「violet」と書かれており、これは日本語では紫より青みの強い「すみれ色」にあたる。一方、紫は「purple」が相当する。

▶ 夜や飛行機の窓からの虹
虹は昼間にだけ見えるものだけではない。月光が原因でできる月光虹（ムーンボウ）は暗いが運が良ければ見られることがある。飛行機が雲の中を飛んでいるとき、窓から飛行機の影のまわりを取り囲むように見える虹もある。これは光輪（グローリーまたはブロッケン現象）と呼ばれる。これは屈折だけでは説明できず、さらに複雑な過程でできると考えられている。

1 光と虹

光と聞いてあなたは何色を思い浮かべるだろうか。白色？ では太陽は何色だろう。黄色？ 赤色？ ……普段はまぶしくてわれわれの目には白く見えるだけだが、太陽の光にはじつは多くの色が含まれている。そのことが自然現象でわかる例がある。それが雨上がりの空に架かる虹だ。虹は日本では「赤、橙、黄、緑、青、藍、紫」の七色と言われるが、国や時代によって色の数は異なる。逆に言うと、色というものはそれだけ人間の感覚に左右されるものだ。だから、色を人間の感覚に左右されずに、もっと正確に示すことも必要になってくる。

虹は水滴の中で図表4-6のように太陽の光が屈折することによってできる。太陽を背にして立ち、前方の空に水滴が無数にあるようなときが、虹が見られる条件だ。太陽からの光が、水滴の中で色によって特定の方向に屈折し、それをわれわれは虹として見るのだ。だから太陽が真上にあると見えないし、虹を横から見たり、その足元に行き着くことは決してできない。理由がわかっても、やはり不思議な現象だ。

図表 4-5 虹が同時に2本見えることがある。明るく見えるのが主虹（下）、暗い方が副虹（上）。主虹の色の並びは赤が一番外側だが、副虹では逆になる。© 鎌形久 /PPS通信社

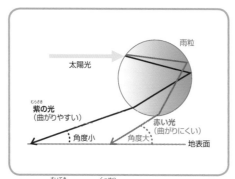

図表 4-6 水滴中の光の屈折

② 光の障害物

　光はそれを遮るものがない かぎり、通常はまっすぐに進む。太陽からの光はほとんど真空に近い太陽系の空間の中を伝わり、地球に届く。しかし、われわれの目に入る直前に地球の空気の層を通過する

図表 4-7　西の空に真っ赤な夕日が沈む © 松浦和夫 /PPS 通信社

ことになる。地球の空気は主に窒素と酸素の分子からできている。分子は 1 ナノメートル（1cm の 1000 万分の 1 の長さ）程度と非常に小さく、顕微鏡を使っても直接見ることはできないが、光にとっては立派な障害物になる。このように障害物によって光がさまざまな方向に曲げられてしまうことを散乱という。どのくらいの割合で散乱されるかは光の色によって異なるのだ。白っぽく見える霧や雲、黄砂のときの空なども散乱によるものだ。ただし、分子などよりもずっと大きい水滴や細かな砂粒のような障害物の場合は散乱の割合は色によらない。

③ 青空と朝日や夕日

　地球の空気分子による光の散乱のされ方は、青い色の方が赤い色に比べて 10 倍以上大きい。だから太陽からやって来たさまざまな光のうち、青い成分はわれわれの目に届きにくくなる。この散乱された青い光のせいで、空は青く明るく光っているように見え、だから昼間は星が見えない。高い高度を飛ぶ飛行機の窓や高い山の山頂から昼間の空を眺めてみよう。青いというよりもやや黒く感じないだろうか。月面では空気がないので、青空や赤い夕日はない。太陽が照っている昼間でも空は黒く、星が見える。また、地球は丸いので、光が空の高いところからやってくる場合と、低いところからやってくる場合とでは、通過してくる空気の層の厚みが異なる。すなわち太陽の高さによって青い光の届きにくさが異なるのだ。だから太陽が低い朝や夕方には光の青い成分が減り、太陽が赤く見えるのだ。

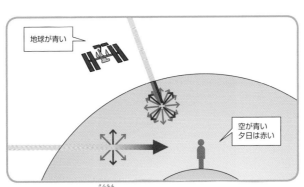

図表 4-8　青い光は強く散乱される

▶（地球の）空気 🖙 用語集

▶ 散乱と粒子サイズ

オーストラリアのシドニー郊外にブルー・マウンテンズ国立公園がある。その名前は、付近に多く自生するユーカリの葉から蒸散する油分によって太陽光の散乱がおき、風景が青っぽく見えることから付けられた。またタバコから立ち上る煙は散乱によって青っぽく見えるが、口から吐き出される煙は肺の中で水分が付着することによって粒子サイズが大きくなり、白っぽくなる。

UIG/PPS 通信社

プラスワン

青い地球
国際宇宙ステーションから撮影された青く光る地球の大気の層と月 ©NASA

プラスワン

火星では青い夕焼け？
火星には薄いながら大気があり、その中の赤い塵によって散乱され、太陽は青く見える。

2004 年、探査車オポチュニティがとらえた火星の日没 ©NASA

3節 月の満ち欠けはなぜ起こる

ポイント

月は毎日、その表情を変える。太ったりやせたり。空で見える位置も変化している。でも、1カ月たつとほぼ同じ位置に同じ形で戻っている。なぜ、そんなことが起きるのだろうか。ねぇ教えて、かぐや姫。

▶ 月の火山活動

月において広い範囲にわたる火山活動は数十億年昔に終わったとされている。したがって月のクレーターは火山ではなく、小惑星や隕石の衝突によってできたと考えられている。しかし、中には最近まで小規模な火山活動があったかもしれない特殊な地形の存在や、突発的な発光現象などが報告されている。

▶ 月の山や山脈の名前

アルプス山脈、コーカサス山脈、アペニン山脈など、地球上の地名と同じものがつけられている場合も多い。

▶ 月のクレーターの名前

アリストテレス、コペルニクス、ティコなどの科学者の名前が多く付けられている。

プラスワン

ガリレオ・ガリレイ（1564 ～ 1642）

世界で初めて望遠鏡で天体を観察し、詳しい記録やスケッチを残した。月のクレーターにも当然名を残しているが、なぜか立派なものではない。

① 満月

星空を楽しみたい人にとっては、満月は邪魔物でしかない。望遠鏡で観察するにも、とってもまぶしい。また観察できたとしても太陽の光が月面では真上から照らしているので、月面上にでこぼこがあっても立体感がなく、見てもあまり面白くない。しかし、晴れわたった夜空に白く輝く満月の美しさは昔から鑑賞の対象だった。雲が少しあっても、その輝きは一層魅力的でさえある。月の模様は黒っぽい「海」と白っぽい「高地」からなる。古来、日本では黒っぽい部分の模様は「うさぎの餅つき」の形だと言われてきた。そして 400 年前のガリレオの望遠鏡による観察から、人類は月面にはクレーターがたくさんあることを知ったのだ。

天気が良ければ、今夜の月は見えるだろうか？ 運良く満月ならば、夕方の東の空から昇るのが見えるはずだ。月は 27.3 日かけて地球のまわりを回っているが、1 日で自転してしまう地球よりずっと遅いので、少しずつ地球の自転に取り残されていく。だから速く回る地球上に立つ人から見れば、逆に月の方が動いていくように見える。そして地球が 1 自転し終わった次の日は、地球から見ると 1 周遅れの月が前日より約 50 分遅れて昇るのを見ることになる。

図表 4-9 コペルニクス・クレーター（左）、右は満月のときの同じ場所

② 月の満ち欠け

　月は約1カ月かけて**新月**（朔）から**上弦**、**満月**（望）、**下弦**、そして再び新月へと見かけの形を次々と変える。新月を基準の0として測った経過日数を**月齢**という。昔の人は半月の形を、弦を張った弓にたとえて弦月と呼び、昔の暦で月の上旬に見える半月を上弦（南の空に月を見て右側が光っている）、下旬の半月を下弦と呼んだ。月齢は月の満ち欠けを表すが、満ち欠けの具合と月齢は必ずしも完全に対応していない。月の朔望周期は平均的には約29.5日なので、満月の瞬間の月齢はその半分の約14.8日になるはずである。しかし地球のまわりの月の軌道はわずかに楕円なので、満月の月齢は13.9日から15.6日の間で変化するのだ。

　月は太陽に照らされているが、その照らされている面をわれわれはさまざまな方向から見ることになる。これが月の満ち欠けの原因だ。太陽は月から黄道に沿ってたどった方向にある。夕方の午後6時頃の南の空に見える上弦の月の場合を考えてみよう。月の明るい側は太陽のある方向だ。太陽は黄道の延長上にあるので、月が光る方向は、黄道の方向とほぼ一致する。だからこの場合、黄道の方向によって春や秋では弦は立って見えるのに対して、夏や冬では弦が傾いて見える。

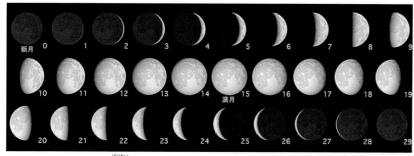

図表 4-10　月の満ち欠けと月齢

③ 満ち欠けする星

　さて満ち欠けするのは月だけだろうか？　月と同じ理屈で考えると、他にも満ち欠けする例は考えられる。代表的な天体は金星だ。金星は夕方や明け方の空に明るく輝いているのを見たことのある人

図表 4-11　月食中の月（左）と満ち欠け中の月（右）。© 姫路市「星の子館」

も多いだろう。では、土星は満ち欠けするだろうか（惑星の満ち欠け☞用語集）。

● **朔望月**　☞用語集

● **月齢とその呼び名**
月の満ち欠けの周期は一定なので、昔から暦として利用されてきた。ただし、月齢は昔の暦の日から1日程度小さいことがある。

月齢	呼び名
0	新月、朔
1	繊月、既朔
2	三日月、眉月
6	上弦、弓張月
9	十日夜
12	十三夜
13	小望月
14	満月、望
15	十六夜
16	立待月
17	居待月
18	寝待月
19	更待月
22	下弦
25	有明月
29	晦

プラスワン

満月の呼び名
アメリカ先住民の伝統にちなんだ満月の呼び名がある。ウルフは1月、ストロベリーは6月を意味する。

● **潮の干満**
海面の高さは風や気圧などの原因でも上下しているが、それ以前に月や太陽の影響で周期的に変化している。実際の高さは地形や水深にも関係してくる。日本で一番干満差（大潮のときの平均干満差）が大きい場所は、九州有明海の奥にある住ノ江（佐賀県）付近で約5.6mもある。

● **惑星の満ち欠け**
☞用語集

4章

4節 月の裏側はどうなっている

ポイント 月は満ち欠けするが、「うさぎの餅つき」の模様の位置は動かない。月も自転しているのなら、模様がずれていって月面がぐるっと全部見えるはずなのに、どうして同じ模様しか見えないのだろう。じつは人類が月の裏側を初めて見てからまだ60年くらいしかたっていないのだ。

▶ **セルゲイ・コロリョフ**
（1907 ～ 1966）
世界初の人工衛星、スプートニク1号の打ち上げに成功したソ連で、その開発の中心にいた指導者がコロリョフ。一方、アメリカでロケット開発を進めた指導者がヴェルナー・フォン・ブラウン（1912 ～ 1977）だ（☞ 115 ページ）。ちなみにフォン・ブラウンの名が付いたクレーターは直径60 km（表側だが、かなり見にくい位置）なのに対し、コロリョフ・クレーターは月の裏側だが、400 km 以上ある。

▶ **秤動** ☞用語集

▶ **地殻** ☞用語集

▶ **月の地殻の厚さの違い**
月は小さいので、誕生後、早く冷えたが、地球はまだ熱かった。しかし、月がその表側を早く地球に向けるようになったのなら、まだ十分に冷え切っていない地球からの熱を浴びるだろう。これによって月の裏側ではアルミニウムやカルシウムなどの物質が早く降り積もったために、裏側では表側に比べて鉱物が多い高地が作られ、より厚くなったという説がある。

① なぜ月の裏側は見えない

月の自転周期は 27.32 日、一方、月が地球のまわりを回る周期も 27.32 日である。このように両方が全く同じなのはどういうことを意味するのだろう。ここでは赤と青で塗り分けられた球で考えてみよう。球が全く自転しない場合（左図）と、球の自転と公転周期が完全に一致している場合（右図）だ。右図の場合、公転運動の中心（赤点）から見ると、反対側の青い面は決して見ることができないのだ。

昔から人類は地球に向いた側の月面しか見たことがなかった。1959 年に今はなきソ連が打ち上げたルナ3号によって月の裏側の写真が撮られるまで。もっとも、**秤動**という月の首振り運動によって地球からでも月面全体の 59％は見ることができる。いずれにせよ、このような歴史から、月の裏側の地名には「モスクワの海」「ガガーリン」「コロリョフ」などのロシアに関連した名前が多く付けられているのだ。

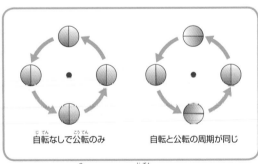

自転なしで公転のみ　　自転と公転の周期が同じ

図表 4-12　赤青で塗り分けた球が自転しない場合とする場合

図表 4-13　不鮮明ではあるが、ルナ3号（右）によって月の裏側が初めて撮影された（左）。©NASA/NSSDC

② 月の表と裏は違う?

　月には黒い「海」と白い「高地」の模様がある。表と裏といっても地球から見てのことだけなのに、実際は随分と違うところが多い。たとえば、地球の方を向いた表側には海や高地が見られるが、裏側には海がほとんど存在しない。なぜなのだろう。巨大衝突で月は大規模に融けたマグマの海だったが、そこから白くて軽い斜長岩が浮いて表面を覆ったと考えられている。海は巨大な衝突クレーターが玄武岩という黒い溶岩で埋められた部分で、望遠鏡で海を観察するとなめらかで、そこではクレーターも少ない。月の地殻の厚さは表側で薄く、裏側で厚い。月の自転周期と公転周期が一致して地球に同じ面を向けるようになった時期と表と裏の違いが生れた時期とがわかると、どのような関連があったのかわかるだろう。しかし、その詳細はまだまだ謎が多い。

　月の内部も地球と同様に外側から地殻、マントル、核という構造をもっていると考えられている。月の平均密度は3.3g/cm³で、これは地球の5.5g/cm³より小さく、地球のマントルとはば同じである。中心部の核の大きさは半径300〜500kmで、地球の3500kmよりかなり小さく、月の全質量の2〜5%を占める。

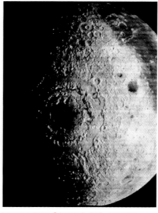

図表 4-14　アポロ16号がとらえた月の裏側（左）と標的のような形の「東の海」（右）©NASA

③ 裏側の地形

　月の裏側にある巨大なクレーターは「東の海」だ。正確には表側とのほぼ境界の位置にある。直径は約1000kmもあり、まるで弓矢の的のように4重もしくは5重の同心円状のリング構造を示す。通常の月の海もよく見ると丸い部分が寄り集まってできているように見える。じつは海と呼ばれる月面地形も巨大な衝突によって生じたと考えられている。月の裏側にある南極‐エイトケン盆地も海のように黒くはないが、やはり直径2500kmもの超巨大クレーターである。

▶ **月面天文台**
月面は太陽の位置にかかわらず天体観測ができ、邪魔な大気もない。また人工衛星などと違って安定した地盤があるため、天体観測には最適の場所である。特に月の裏側では天体からの微弱な電波をとらえる電波観測の際に地球からの人工電波の影響もなく、将来の天文台建設の適地とされている。

▶ **玄武岩** ☞用語集

▶ **斜長岩** ☞用語集

▶ **幻のソビエト山脈**
ルナ3号による観測で、ソ連は月の裏側で発見された山脈にソビエト山脈と名付けた。しかし、後になって撮影された鮮明な写真から実在しないことが判明した。

▶ **地球のクレーター**
地球にも200個近くのクレーターが確認されている。直径100kmを超える巨大なものもあるが、アメリカ・アリゾナ州にあるバリンジャー・クレーター（直径1.2km）が有名だ。

▶ **中国の嫦娥計画**
中国の月面探査計画は嫦娥計画とよばれる。嫦娥は月に住むといわれる仙女の名前。2013年に3号が月面着陸を果たしローバー玉兎による探査をおこなった。2019年には4号が世界で初めて月の裏側にあるフォンカルマン・クレーターへの軟着陸、さらに2020年12月には5号がサンプル約2kgの地球への持ち帰りにも成功している。

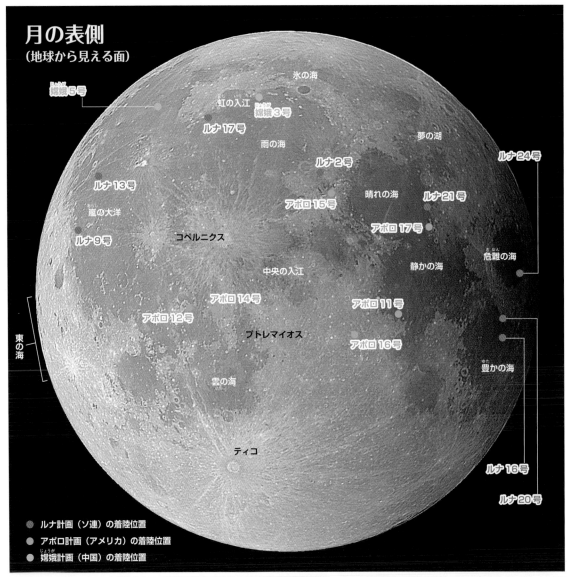

月の表側
（地球から見える面）

氷の海
嫦娥5号
虹の入江
嫦娥3号
ルナ17号
夢の湖
雨の海
ルナ24号
ルナ2号
ルナ13号
晴れの海
ルナ21号
嵐の大洋
アポロ15号
コペルニクス
アポロ17号
ルナ9号
危難の海
中央の入江
静かの海
アポロ14号
アポロ11号
アポロ12号
プトレマイオス
アポロ16号
東の海
豊かの海
雲の海
ルナ16号
ティコ
ルナ20号

- ◉ ルナ計画（ソ連）の着陸位置
- ● アポロ計画（アメリカ）の着陸位置
- ● 嫦娥計画（中国）の着陸位置

図表 4-15 図中に記された着陸地点は、世界で初めて月面に到達したルナ2号を除き、すべて軟着陸に成功したもの。2019年にはインドとイスラエルも月着陸に挑戦したが、失敗している。

コラム

▸▸▸ 南半球で見える月

　旅行でオーストラリアなどの南半球へ行って月を見ると何かおかしいと感じる人がいる。上弦の月のはずなのに右側が欠けて見え、北半球で見るときと比べて左右が反対だというのだ。満月のときに見える「うさぎの餅つき」の黒い部分（海）も逆さまだ。でも、これは別に不思議なことではない。北半球からは月は南の空に見ることが多い。でも、南半球では北の空に見る方が多いから、逆に見えるだけなのだ。

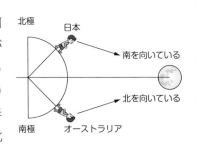

北極
日本
南を向いている
北を向いている
南極
オーストラリア

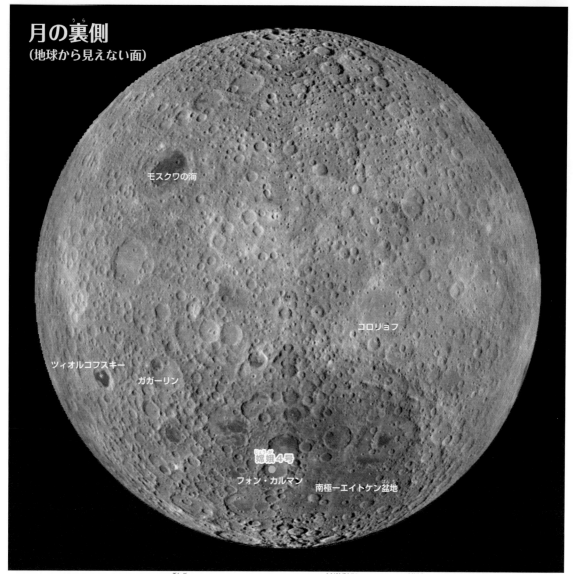

月の裏側
（地球から見えない面）

モスクワの海

コロリョフ

ツィオルコフスキー

ガガーリン

嫦娥4号

フォン・カルマン

南極ーエイトケン盆地

4
章

太陽と月、仲良くして

図表 4-16 着陸地点には「天河（中国語で銀河の意）基地」、近くのクレーターには七夕伝説に関連する「織女」などの名前が付けられた。

コラム

▶▶▶ 今後の月探査計画

　月には世界各国が探査機を送り込んでおり、特にアポロ計画以降は、日本の探査機「かぐや」を含め周回探査が多かった。しかし月の誕生仮説（☞ 50・51 ページ）の検証や、今後の火星有人探査に向けた探査拠点の構築のため、月表面の詳細な探査が必須であり、現在は着陸探査が台頭してきている。中国の嫦娥計画（☞ 59 ページ）（6、7 号機を開発中）をはじめ、イスラエルの「ベレシート」（着陸失敗）、インドの「チャンドラヤーン 3 号」（開発中）など、探査参加国も多様になってきた。NASA では月有人探査計画のアルテミス計画を進めており、2022 年 11 月には初号機の打ち上げに成功している。

4章

5節 よく起こっている月食

ポイント
月食はどのような現象だろうか。天気や見え具合にも左右されるが、1年に1回程度は見られるので結構よく起こっているといえるだろう。6節で取り上げる日食と同じような現象に見えるが、どこがどう違うのだろう。また、なぜ違うのだろう。月食のことを理解しよう。

▶白道 □用語集

プラスワン

日本で見える皆既月食
日本で見えた最近の皆既月食は2021年5月26日夕方だった。次は2022年11月8日である。2025年3月14日は日本の一部で月の出頃に部分月食が見えるのみだが、2025年9月8日は0時すぎから明け方まで（皆既は2時半から4時前まで）見られる。

▶半影食 □用語集

プラスワン

コロンブスと月食
アメリカ大陸への到達で有名なコロンブスが4度目の航海のとき、ジャマイカで座礁し、深刻な食料不足に陥った。しかし、彼は1504年2月29日に皆既月食があることを天体暦から知っていた。この知識を利用して、原地民から食料を調達することで窮地を脱したのだ。

▶西行

歌人であった西行（1118～1190）は次のような歌を残している。「忌むと言ひて影に当らぬ今宵しも↗

1 月食はなぜ起こる

光り輝く満月が突然に暗くなる**月食**は、自然の秩序が乱され、生命が破滅する予感で古代の人たちを震え上がらせただろう。まして、それが赤く血に染まるようにして起これば……。中国では月を食う竜を怖がらせるために、鏡をたたいて大きな音をたて、食べたものを吐き出させようとした。ゆえに「食」である。また「食」を表す英語のエクリプスはギリシャ語のエクレイプシス（脱落、放棄の意）に由来する。

月食は太陽の光が地球に当たって後ろにできる影の部分に、月が入り込む現象だ。地球をはさんで太陽と月がちょうど反対側に来るとき、これは満月のときにあたる。でもそう考えると満月のときには必ず月食が起こる？ 宇宙は3次元だ。立体的に考えてみよう。天球上で月の公転軌道（白道）は地球の公転軌道（黄道）に対して約5°傾いているので、通常は、満月はその範囲内で地球の影から少し上下にずれている。しかも白道は黄道に対して一定の傾きを保ったまま19年の周期で回転もする。だから、うまく太陽、地球、月の順に一直線に並ぶときだけ月食が起こる。地球の丸い影は月の大きさの4倍程度あるので、すっぽりと月が入ってしまう**皆既月食**と一部のみがかかる**部分月食**がある。さらに影

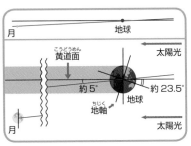

図表4-17 地球と月の軌道面の角度

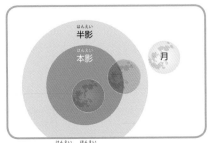

図表4-18 半影と本影

といっても真っ黒な本影と少し明るい半影の2種類ある。もし、月食の時に月面から地球の方向を見たら、本影内からは太陽はまったく見えないが、半影内では太陽の一部が見えることになる。

② 月食はどのくらい頻繁に起こる?

月食を自分の目で見たことはあるだろうか? 21世紀の100年間では142回の月食が起こる計算になっている。そのうち皆既月食が85回、部分月食が57回だ。したがって、月食の起こる頻度は、平均的に年に1、2回になる。月食は月が地球の影の中に入る現象なので、月さえ見えていれば、地球上の約半分の位置から観察することができる。

③ 赤い月

月が地球の本影に完全に入りこむのが皆既月食だが、地球に空気の層がなければ影の中は真っ暗である。しかし、地球ぎりぎりのところを通過したわずかな太陽の光は、地球の空気の層によって屈折して進路が曲がり、さらに青い光が散乱された残りの赤い光が、影に入った月を照らすことになる。だから月食中の月は赤く見える。また空気の中には塵(雲粒、煙、火山灰なども含む)も混じっている。その塵によっても散乱は引き起こされるので、いっそう赤く見えるのだ。

三日月のときでも月は輝いている部分以外が全く見えないわけではない。図表4-21のように弱くであるが欠けている部分も光っている。地球で反射した太陽の光が月を照らしており、地球照という。

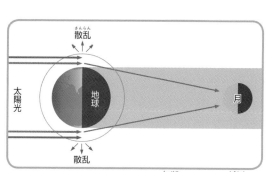
図表4-19 皆既月食の連続撮影 ©SPL／PPS通信社

図表4-20 赤い光が、さらに大気により屈折されて月へと到着する

図表4-21 地球照 ©SPL/PPS通信社

破れて月見る名や立ちぬらん」(山家集)。以下現代語訳。世の中の人は月食を不吉だとして、その光にも当たらぬようにしている。私はそういう月であればなおさら、無理をしてでも見ようとする。奇人変人の悪い評判が立つといやだなあ。

▶ ダンジョンの尺度

皆既月食のときの月の色の違いについては、20世紀初頭にフランスの天文学者ダンジョン(1890～1967)が調べたことで知られる。以下がその尺度だ。

0	非常に暗い食。月のとりわけ中心部は、ほぼ見えない。
1	灰色か褐色がかった暗い食。月の細部を判別するのは難しい。
2	赤もしくは赤茶けた暗い食。たいていの場合、影の中心に1つの非常に暗い斑点をともなう。外縁部は明るい。
3	赤いレンガ色の食。影は、多くの場合、非常に明るいグレーもしくは黄色の部位によって縁取りされている。
4	赤銅色かオレンジ色の非常に明るい食。外縁部は青みがかって大変明るい。

© 国立天文台

プラスワン

地球照の色

地球照の明るさは1年のうちでも変化する。地球の北半球の春の時期は高緯度地方の氷や雪による反射が多くなるので、地球から月への反射光が最も明るく、地球照も明るい。地球照の色は明るい側と比べるとほんの少し青いが、ただでさえ暗い地球照の色は非常にわかりにくい。

4章

6節 もっとよく起こっている日食(?)

ポイント　月食に比べて見られる機会が少ないのが日食だ。2009 年には日本国内でも皆既日食が見られ、大騒ぎだった。でも、じつは日食の方が月食よりもよく起こっている。ならば、なぜそんなに珍しがられるような現象なのだろうか。また、どんな日食があるのだろう。日食に似た天体現象はあるのだろうか。

プラスワン

これから日本で見られる主な日食（天気が良ければ!）
金環日食 2030 年 6 月 1 日
（前回は 2012 年 5 月 21 日）
部分日食 2023 年 4 月 20 日
2031 年 5 月 21 日
2032 年 11 月 3 日
皆既日食 2035 年 9 月 2 日
（前回は 2009 年 7 月 22 日）

▶ **日食の観察方法**

日食の観察には注意が必要だ。皆既日食の瞬間以外は、あまりにもまぶしすぎて直接太陽を見ることはできない。望遠鏡を使って白い紙に投影するのがよい。日食メガネやピンホールカメラの原理も利用してみよう。黒い下敷きなどでも見えそうだが、痛くなくても目は治らないほどのやけどを負う。決して直接見てはいけない。網膜には神経がないので、障害が起きても痛くないのだ。

プラスワン

地球から離れる月

月は毎年地球から 3.8cm ずつ遠ざかっている。これも潮汐力のなせるわざだ。潮汐力によって地球が失った

① 日食はなぜ起こる

日食は月の影に地球が入り込む現象である。地球から見て太陽の手前に月がわって入るので、太陽が欠けて見える現象だ。このとき太陽と月は同じ方向にあるので、日食は必ず新月のときに起きる。ただし、満月のときに必ず月食が起こるとは限らないように、新月のときには必ず日食が起きるというわけではない。日食も、太陽が月の後ろに完全に隠れて見えなくなる皆既日食と部分的に隠される部分日食がある（☞ 9 ページ）。太陽の直径は月の約 400 倍もあるが、地球からの距離は月よりも約 400 倍遠い。ということは、地球から見たみかけの大きさは両方ともほぼ同じだ。だから皆既日食のように、太陽と月がほぼぴったり重なるように見えるようなことも起こったりするのだ。すばらしい偶然！　月の公転軌道も地球の公転軌道も少し楕円になっているので、距離もちょっぴり変化する。月が地球にやや遠い場合は、月は太陽より少しだけ小さく見え、太陽と月が重なったときには指輪のように見える金環日

© 国立天文台　© 国立天文台

図表 4-22　皆既日食。コロナ（左）とダイヤモンドリング（右）。

食（☞ 9 ページ）になる。

特に皆既日食はドラマティックだ。普段は太陽のまぶしさで見ること

ができない**コロナ**が太陽の周囲に輝くのを見ることができる。皆既の瞬間の前後のみに見られる**ダイヤモンドリング**も圧巻だ。

② 日食はどのくらいよく起きる？

　日食は珍しい現象だろうか。いや、日食は意外とよく起こっている。21世紀の100年間で224回（皆既68回、金環72回、金環・皆既7回、部分77回）起こる。地球全体で日食と月食の起こる割合はほぼ3：2で、確かに日食の方がよく起きている。日食というのは太陽が欠けて見える現象なので、昼間に見られる。だったら誰でも簡単に気がつくはずなのに、世の中には日食を見たことがない人が多いのはなぜだろう。地球にできる月の影の場所（1章8ページ写真上）では日食を楽しむことができるが、その影の大きさは地上ではせいぜい100km程度と、あまり大きくないからだ。だから、日食のときは地球の昼間のところすべての場所から見えるのではなく、見える範囲はかなり限られてしまうのだ。地球のある地点でじっと動かない場合、そこから皆既日食が見られるのは約360年に1回程度という計算もある。

③ 日食に似ているけれど……

　水星や金星は地球より太陽に近い軌道を描いているので、地球から見えると、太陽とこれらの惑星が日食のときのように重なって見えることがある。これもなんだかしょっちゅう起こってそうだ。ところが、日食よりもめったに起こらない非常に珍しい現象だ。金星のみかけの大きさは太陽の約1／30なので、金星は小さな黒い点のようにしか見えない。このような現象を金星の**太陽面通過**という。

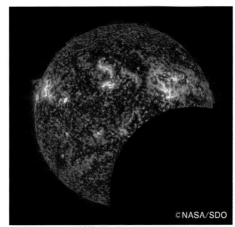

図表 4-23　太陽観測衛星 SDO から見た日食
©NASA/SDO

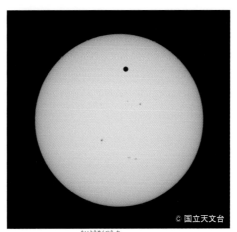

図表 4-24　金星の太陽面通過
© 国立天文台

自転エネルギーを月が受け取っているためである。だから地球の自転も少しずつ遅くなりつつある。化石などの証拠から、6億年昔は22時間程度で自転していたと考えられている。

▶ **コロナ** ☞用語集

▶ **星食** ☞用語集

▶ **太陽面通過** ☞用語集

カラスと太陽
日本サッカー協会のエンブレムには三本足の烏がデザインされている。じつはこの烏は日本神話に出てくるカラスをモチーフにしたもので、太陽の化身といわれている。なぜ太陽がカラスか？ これは太陽の黒点を示しているという説がある。

▶ **101年目の日食**
1887年8月19日に本州を通過する皆既日食が起こった。本州では101年ぶりにあたるが、下図はそれを事前に想像して描いたもの。政府は一般市民にもコロナのスケッチをとることを奨励したそうだ。本州に限れば、2035年の皆既日食が148年ぶりとなる。

© 国立天文台所蔵資料

天の岩戸神話

皆既日食によるものと思われる日本最古の伝説が古事記に記されている「天の岩戸」である。素戔嗚尊の傍若無人な乱暴に怒った天照大神が岩の洞窟に隠れてしまったので、高天原が真っ暗になってしまった。困った八百万の神々が相談して、天鈿女命の踊りと天手力雄神の怪力で天照大神を引っ張り出したという物語である。

▶ 三日月

フランス語で「三日月」を意味する croissant（クロワッサン）という単語は日本ではパンのクロワッサンでよく知られている。一方、英語では三日月のことを crescent（クレセント）という。音をだんだんと強くするという意味で使われる楽譜での記号クレシェンドはイタリア語で、同じ語源だそうだ。まさしくこれから満ちていく月のイメージと重なる。

▶ 国旗と月

月や星は国旗のデザインに頻繁に登場する。たとえば1999年に独立したばかりの南太平洋上にあるパラオの旗は、そのデザインが日本の日の丸によく似ている。しかし、真ん中の黄金色の円は太陽を意味するのではなく、月なのだそうだ。一方トルコの国旗は新月旗とも呼ばれる。イスラム教では初めて見える細い月を新月と呼ぶ。

▶▶▶ アルテミス計画

火星への有人探査も念頭に2019年に発表されたのが、有人月面着陸を目指すNASAのアルテミス計画だ。アルテミスとはアポロの双子とされる月の女神の名前。そのためにオリオン宇宙船と、それを打ち上げるSLSロケットが民間企業で開発中で、2022年にまずは無人、続いて有人での月周回軌道の試験がおこなわれ、2025年にはいよいよ月着陸機スターシップで氷があると考えられる月面南極域に有人着陸する予定である。水があればそれを分解して酸素と水素を作り出すことができる。酸素は宇宙飛行士が、水素は燃料として利用できるのだ。その後は月を周回する軌道上に有人拠点として「ゲートウェイ」の建設を進め、これを火星などへの宇宙探査への拠点とする。このアルテミス計画には日本、ヨーロッパ、カナダなどの各国も協力する予定だ。2020年末にNASAは月有人探査飛行士として18名を選考したが、その半数は女性が占める。

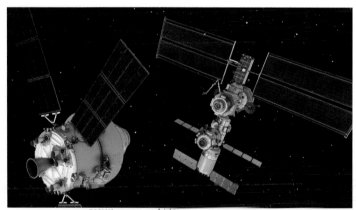

ゲートウェイ（右）に接近中のオリオン宇宙船（左）©NASA

▶▶▶ 月には水がある！

月の両極地方にはクレーターの影に氷が存在することが50年以上前から推測されていたが、NASAやインドの月面探査によって実際に存在することが確実視されている。さらに2020年には成層圏赤外線天文台SOFIAが月の南半球の日の当たる場所にあるクレーターから微量ながら水分子を発見した。以前考えられていたよりも多くの水が月面には存在するかもしれない。このような水は太陽風によって運ばれる水素や隕石などによってもたらされたと考えられている。

Question 1

日食と月食、どちらがよく起こる？

① 日食
② 月食
③ ほぼ同じ頻度
④ 頻繁に変わる

Question 2

月ができたのは、現在有望視されている説によるといつ頃か。

① 地球が誕生する前
② 地球ができた頃とほぼ同じ
③ 地球に生命が誕生した頃
④ 恐竜が絶滅した頃

Question 3

春の18時に南空に見える上弦の月の向きで、もっとも適当な向きなのはどれか。南の地平線が下で、右が西とする。

Question 4

以下の月探査機のうちで、世界で初めて月に軟着陸したものはどれか。

① ルナー・リコネサンス・オービター
② かぐや
③ アポロ8号
④ ルナ9号

Question 5

地球から、月の裏側が見えないのはなぜか。

① 地球の自転周期と月の公転周期が等しいから
② 月の自転周期と地球の公転周期が等しいから
③ 地球の自転周期と地球の公転周期が等しいから
④ 月の自転周期と月の公転周期が等しいから

Question 6

月の首振り運動のことを何というか。

① 秤動
② 朔
③ 月齢
④ 月の自転

Question 7

月から見たら地球は満ち欠けするか。

① する
② するが、新月のように見えなくなることはない。
③ しない
④ したり、しなかったりを毎日交互に繰り返す。

Question 8

月の運動について述べた以下の文の中で、間違っているのはどれか。

① 地球と月の間の距離は一定ではなく、最大1割程度は変化する
② 月の空での通り道である白道は赤道に対して約5°傾いている
③ 月の公転半径は地球の公転半径の約400分の1である
④ 月が昇るのは、月齢にかかわらず毎日約50分遅れる

Question 9

日食や月食について述べた以下の文の中で、間違っているのはどれか。

① ダイヤモンドリングは皆既日食の際に2回観察できる。
② 地球照によって皆既月食の時には欠けた部分が赤く見える。
③ 皆既月食は満月の頃にだけ起こる。
④ 日食を黒の下敷きを通して観察するのはおすすめできない。

Question 10

月の内部構造について述べた以下の文の中で、間違っているのはどれか。

① 月の中心部にある核の大きさは地球より大きい。
② 月の地殻の厚みは地球のものより厚い。
③ 月の平均密度は地球のものより小さい。
④ 月の直径は地球の直径の半分以下である。

★ おまけコラム ★

太陽と月

　太陽は地球上の生命にとって欠かすことのできない大体で、昔から太陽を神とあがめる民族は多い。

　そして夜を明るく照らす月は、昔から太陽と対比されてきた。

　奈良の薬師寺には、薬師如来を挟んで、月光菩薩、日光菩薩がまつられている。

アステカの太陽神

解　答　解　説

Answer 1 ◻◻◻◻

① 日食

実際、日食の方が 50％ほど回数が多い。ただし半影月食をいれると、回数は同じ程度になる。また、年によっては月食が多いこともあり得るが、これは非常にまれなことであって、頻繁に変わるということはない。なお、日食と月食が起こる条件は、太陽と月と地球がほぼ一直線に並ぶことであり、条件が似ているため、日食の前後に月食が起こることがよくある。

Answer 2 ◻◻◻◻

② 地球ができた頃とほぼ同じ

地球がほぼ現在の大きさになった 46 億年前頃に、地球に火星サイズの原始惑星が衝突して月が形成されたと考えられている。

Answer 3 ◻◻◻◻

①

春や秋は上弦の月の弦の向きはほぼ垂直になる。黄道の向きによって夏は②、冬は③のように見える。

Answer 4 ◻◻◻◻

④ ルナ 9 号

ルナー・リコネサンス・オービターは月面から高度 50km のところから周回しながら表面の詳細な撮影をおこなっている。日本の「かぐや」は 2007 年～ 2009 年の間に月探査をおこなった無人探査機である。アポロ 8 号は 1968 年に世界で初めて有人で月を周回して帰還した。ルナ 9 号は 1966 年に世界で初めて月面（嵐の大洋）の軟着陸に成功したソ連の無人探査機である。

Answer 5 ◻◻◻◻

④ 月の自転周期と月の公転周期が等しいから

月が地球のまわりを 1 周する間に、月自体も 1 回自転しているために、月は地球に同じ面を向けている。ただし、秤動という月の首振り運動によって地球から月面全体の 50％を見ることができる。

Answer 6 ◻◻◻◻

① 秤動

月は常に月の表側を地球に見せている。しかし、いつも同じわけではなく月の首振り運動によって地球から月の全体の 59％は見ることができる。この運動のことを秤動という。朔は新月のことを指し、新月を基準の 0 とした経過日数を月齢という。

Answer 7 ◻◻◻◻

① する

月は常に同じ面を地球に向けている。だから月から見ると、地球はほぼ同じ位置にみえる。しかし地球と太陽との位置関係は変化するので、満ち欠けはある。

Answer 8 ◻◻◻◻

② 月の空での通り道である白道は赤道に対して約 5°傾いている

白道は太陽の空での通り道である黄道に対して約 5°傾いている。また太陽からの引力の働きで、白道は黄道に対して一定の傾きを保ったまま 19 年の周期で回転する。もし黄道と白道が一致していたら皆既日食や皆既月食は頻繁に起こることになる。

Answer 9 ◻◻◻◻

② 地球照によって皆既月食の時には欠けた部分が赤く見える。

地球照は、月の欠けている部分が地球で反射した光で照らされることによって起きる現象。皆既月食の時には地球の大気で屈折した光によって照らされて赤く見える。

Answer 10 ◻◻◻◻

① 月の中心部にある核の大きさは地球より大きい

月は地球の 1/4 より少し大きい程度の直径で、平均密度も地球よりも小さい。月は地球に比べて地殻は厚く、核は小さい。

★ おまけコラム ★

ブルームーンは青い月？

朔望月は 29.5 日だが、1 カ月はこれよりも通常は長い。だから 1 カ月に 2 回満月になることがあるが、このことをブルームーンと呼ぶ。もっとも、実際に青く見える場合もブルームーンと言うが……。

青バラ「ブルームーン」

5章

TEXTBOOK FOR ASTRONOMY-SPACE TEST

～太陽系の仲間たち～

★ 彗星

彗星は、太陽のまわりを公転する天体のひとつである。惑星よりもぼやっとした姿をしており、ときには長い尾をたなびかせるものもある。これは彗星の本体である彗星核が氷と塵からできていることが理由で、太陽の近くにやってきた彗星核の氷が温められ、周囲にガスや塵を撒き散らすと写真のような姿になるのだ。2011年11月27日に発見されたラブジョイ彗星（正式名称はC/2011 W3（Lovejoy）。写真中央）は、太陽をかすめるように通過する軌道をもつ「サングレーザー」の1つ。翌12月の太陽最接近前後には肉眼で観測されるほどに明るくなり、地上だけでなく国際宇宙ステーション（ISS）からもまっすぐに伸びる立派な尾をたなびかせる姿が観測された。なお、現在日本も参加する彗星探査「コメット・インターセプター」が計画されており、2020年代後半の打ち上げを目指し、探査機の開発が進められている。

国際宇宙ステーション（ISS）から撮影したラブジョイ彗星。©NASA

テンペル第一彗星の合成写真
©NASA/JPL/UMD

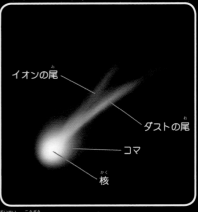

イオンの尾

ダストの尾

コマ

核

彗星の構造

彗星の本体である彗星核。地球から彗星が観測できるようになる頃には、彗星核はコマや尾によって隠されてしまうので、探査機でしか直接観測ができない。写真は探査機ロゼッタで撮影されたチュリュモフ・ゲラシメンコ彗星の彗星核。　©ESA/Rosetta/MPS for OSIRIS Team MPS/UPD/LAM/IAA/SSO/INTA/UPM/DASP/IDA

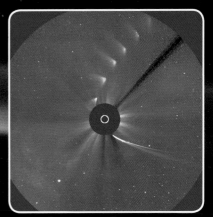

蒸発しやすい物質でできた彗星は、太陽の熱と潮汐力によって崩壊し消滅してしまうことがある。そのほとんどは核が小さく目立たない彗星だ。アイソン彗星（C/2012 S1）は太陽接近前から話題になった比較的明るい彗星であったが、2013年11月29日、太陽に最も近づく直前に核が崩壊し蒸発してしまった。太陽観測衛星SOHOでは次第に薄くなっていくようすがとらえられた（写真上）。　©ESA&NASA/SOHO

2004年3月に打ち上げられた探査機ロゼッタは、10年以上の年月と64億kmもの距離を飛行して、2014年11月13日、チュリュモフ・ゲラシメンコ彗星に着陸船フィラエを投下。史上初の彗星着陸に成功した。写真は、フィラエのカメラがとらえた彗星の表面。©ESA/Rosetta/Philae/CIVA

1節 惑星と星々と太陽はどこが違う

ポイント 夜空に見える星々や惑星は、一見どれも同じに見える。また、太陽と惑星は同じ太陽系の仲間だ。しかし、惑星と星々、惑星と太陽はまったく異なる性質をもつ天体である。それぞれの違いを整理し、太陽系の惑星たちの特徴を比べてみよう。

プラスワン

惑星は拡大できる

肉眼で夜空を見るかぎりでは、惑星も単なる明るい星のようにしか見えず、恒星との違いはすぐにはわからない。しかし、望遠鏡を向けて倍率を上げて見ると、惑星は大きく見える。それに対して恒星は拡大されず小さな点のままだ。恒星に比べて惑星は地球から近い距離にあるので、小型望遠鏡でも拡大して見ることができる（☞図表5-1）。

プラスワン

火星とアンタレス赤さ比べ

さそり座の1等星アンタレスは、火星のように赤く輝いているので、「火星に似たもの／匹敵するもの」という意味がある。ただし赤さの原因は異なる。また火星は地球との距離が大きく変化するため、遠いときと近いときでは約1.6等～約−2.8等まで明るさが変わり、明るいとなおさら赤さが目立つ。

▶ **火星の大接近** ☞用語集

① 夜空に見える惑星

一口に「星」と言っても夜空に見えるものには、月、金星やシリウス、……などいろいろある。月を除くと、金星などの惑星とシリウスなどの恒星は、一見同じような光る点にしか見えない。しかし、**恒星**は高温の巨大なガス球で、自ら光を発する天体である。太陽も恒星だ。夜空に見える星のほとんどは恒星で、それらが星座を形づくっている。一方、**惑星**は高温でないため自分では光を出さず、太陽の光を反射して見えている。主に岩石やガスの塊で、太陽のまわりを回っている天体だ。地球も惑星の1つだ。

また、火星もさそり座のアンタレスも赤く見えるが、色の由来は惑星と恒星ではまったく異なる。恒星の色は、その星の表面温度に関係して

図表 5-1 星空と惑星 © 国立天文台

いる。惑星の色は、地面や雲、大気の色に由来する。火星は地面が赤い
砂で覆われているので赤く見えるのだ。

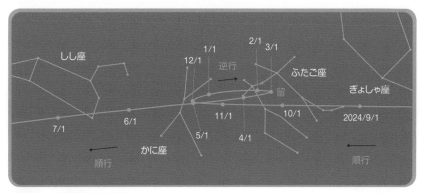

図表 5-2　ある期間の火星の位置
形を変えない星座に対して、少しずつ移動していくのが惑星のもう 1 つの特徴だ。通常は東へ移動（順行）するが、一時的に止まって見えた後（留）、西へ移動する（逆行）時期がある。

② 惑星の特徴比べ

密度	最大	地球	約 5.5 g/cm³。木星型惑星に比べて、岩石などからなる地球型惑星は密度が高い。2 番目は水星で約 5.4g/cm³。3 番目、4 番目は金星、火星で、水星は小さいわりには密度が高く、水星全体の半分以上を占める巨大な核があるのではないかと考えられている。
	最小	土星	1cm³ あたり約 0.7g。水より軽い！
赤道重力	最大	木星	24.79m/ 秒²。地球の 2.535 倍。ガス惑星である木星の赤道重力は、赤道半径約 7 万 km にあたる雲の上で測った場合の数値。密度が小さい木星は質量が地球の約 318 個分もあるわりには重力がそれほど大きくならない。
	最小	水星火星	両者とも約 3.7m/ 秒²。地球の約 0.38 倍。水星の質量は火星の半分ほどしかないが、高い密度のおかげで赤道重力が強い。
楕円軌道のつぶれ具合	最大	水星	離心率 0.206 と太陽系の惑星で最もつぶれた楕円軌道をもつ。
	最小	金星	離心率 0.007 と最も正円に近い楕円軌道をもつ。他の惑星の離心率も 0.09 以下で比較的円に近い。
最も大きく見える		金星	地球のすぐとなりにある金星は見た目の大きさ（最大視半径）30 秒角でナンバーワン！火星も地球に近いが、直径が金星の半分ほどしかないので見た目は小さめ。次いで大きく見えるのは、距離は遠いが最も直径が大きい木星だ。
最も明るく見える		金星	金星は上空の雲が太陽の光をよく反射するので、反射能が 0.78 と肉眼で見える 5 つの惑星の中で最も高い。地球からも近いので最も明るい時には－ 4.7 等級にもなる。2 番目に明るく見えるのは火星。反射能は 0.16 と低いが地球に近い時には－ 3 等級まで明るくなる。
一日の長さ	最短	木星	たったの 10 時間ほどで自転している。動きが速いため、大赤斑など特徴的な模様に注目して観察していると、1 時間、2 時間後にはその位置が動いているのがわかっておもしろい。
	最長	水星	自転周期は約 59 日、太陽のまわりを回る公転周期は約 88 日。つまり、太陽のまわりを 2 周する間に 3 回しか自転しないため、日の出から次の日の出までは、地球上の 1 日で数えると 176 日もかかる。
環が最も大きい		土星	望遠鏡ではっきり見える環（内側から C 環、B 環、A 環）の直径は土星の直径の約 2 倍、その外側の淡い環（最も外側は E 環）は約 8 倍の大きさがある。さらにはるか外側の衛星フェーベの軌道付近には、赤外線で発見された希薄な環があり、その直径は土星本体の 100 倍以上もある。

図表 5-3　惑星の特徴

土星を見続けたカッシーニ
1997 年に打ち上げられ、2004 年に土星に到着した NASA の探査機カッシーニは、土星を周回しながら美しい画像と詳細なデータを送り続けた。そして 2017 年 9 月に計画通り土星の大気に突入して 20 年にわたるミッションを終了した。衛星エンケラドスの表面から水蒸気や氷の粒が噴出しているところをとらえたり、小型着陸機ホイヘンスでタイタンの大気や地表も調査した。環の詳細な構造も見つかり、環の成り立ちなど、今後の研究成果が期待される。

氷や水蒸気を噴き出すエンケラドスの間欠泉
©NASA/JPL-Caltech/Space
Science Institute

六角形の雲の模様が見える土星の北極。なぜこのような形になるのか今も研究が続いている。
©NASA/JPL-Caltech/SSI

▶ **赤道重力**用語集

▶ **離心率**用語集

▶ **反射能**用語集

▶ **視半径**用語集

▶ **秒角**用語集

5章

太陽系の仲間たち

図表 5-4　太陽系の仲間たち

※木星と土星の衛星数は、確定番号が付いている数。軌道が未確定で仮符号だけが付いたものも含めると2022年12月時点でそれぞれ82個、86個（うち3個は同一天体もしくは粒子塊である可能性があり、それらを除くと83個）発見されている。

太陽

木星

水星　金星　地球　火星

月

ダイモス
フォボス

小惑星帯

ガリレオ衛星

イオ
エウロパ
ガニメデ
カリスト

彗星

木星衛星72個※

惑星に関する基礎データ

惑星	軌道長半径 (au)	公転周期 (年)	離心率	軌道傾斜角 (度)	赤道半径 (km)	質量 (地球＝1)	平均密度 (g/cm³)	赤道重力 (地球＝1)	自転周期 (日)	最大視半径 (秒角)
水星	0.38710	0.24085	0.206	7.00	2440	0.06	5.43	0.378	58.6462	5.49
金星	0.72333	0.61520	0.007	3.40	6052	0.82	5.24	0.907	243.0185	30.16
地球	1.00000	1.00002	0.017	0.0	6378	1.00	5.51	1.000	0.9973	—
火星	1.52368	1.88085	0.093	1.85	3394	0.11	3.93	0.379	1.0260	8.94
木星	5.20260	11.8620	0.049	1.30	71492	317.83	1.33	2.535	0.4135	23.46
土星	9.55491	29.4527	0.055	2.49	60268	95.16	0.69	1.067	0.4440	9.71
天王星	19.21845	84.0205	0.046	0.77	25559	14.54	1.27	0.907	0.7183	1.93
海王星	30.11039	164.7701	0.009	1.77	24766	17.15	1.64	1.140	0.6712	1.17

au ☞ 用語集　視半径 ☞ 用語集　軌道傾斜角 ☞ 用語集　太陽系外縁天体 ☞ 用語集

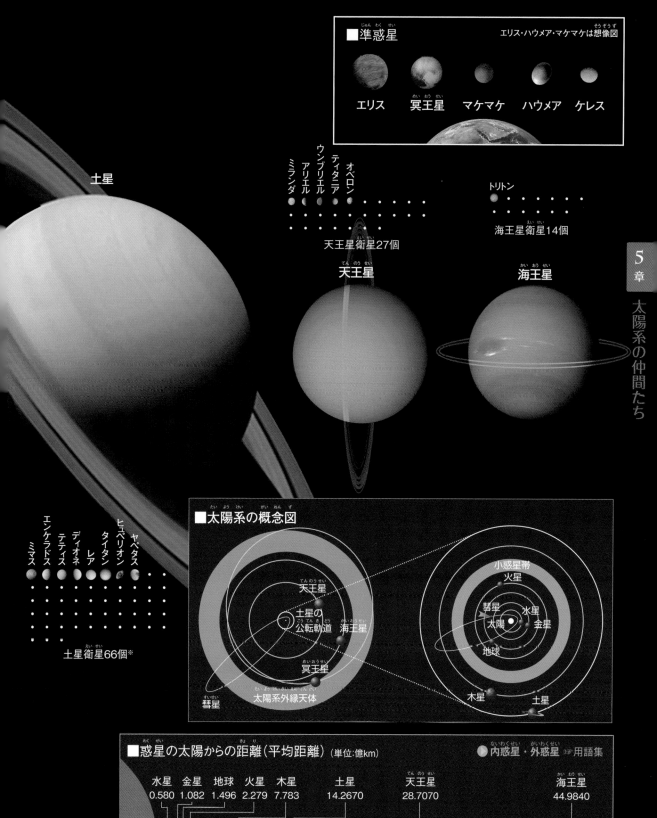

■準惑星　　　　　　　　　エリス・ハウメア・マケマケは想像図

エリス　冥王星　マケマケ　ハウメア　ケレス

土星

ミランダ
アリエル
ウンブリエル
ティタニア
オベロン

トリトン

海王星衛星14個

天王星衛星27個

天王星　　　　　　　海王星

5章　太陽系の仲間たち

ミマス
エンケラドス
テティス
ディオネ
レア
タイタン
ヒュペリオン
ヤペタス

土星衛星66個※

■太陽系の概念図

天王星

土星の
公転軌道　海王星

冥王星

彗星　　太陽系外縁天体

小惑星帯

火星

彗星　水星
太陽　金星

地球

木星　土星

■惑星の太陽からの距離（平均距離）（単位:億km）　　　●内惑星・外惑星 ☞用語集

水星	金星	地球	火星	木星	土星	天王星	海王星
0.580	1.082	1.496	2.279	7.783	14.2670	28.7070	44.9840

太陽

内惑星　　　　　　　　　　　外惑星

注:惑星の公転軌道は完全な円ではなく、楕円を描いている。

075

5章

2節 惑星はどう見えるか

ポイント 同じ惑星でも、太陽からの距離やその大きさ、大気があるかないか、大気の成分など、さまざまな要因によって個性が異なる。それぞれの惑星の特徴をみてみよう。

▶ 木星探査機ジュノー

2011年に打ち上げられ、2016年に木星に到着したNASAの探査機ジュノーは、木星の北極と南極を周回する今までの探査機にはなかったユニークな視点から探査をおこなっている。木星表面の渦巻く大気のようすや南極のオーロラなどを詳細にとらえるだけでなく、大気の奥深くまで調べることで立体的な構造を解明することを目指している。2025年頃まで観測を継続する予定だ。

詳細にとらえられた木星の渦巻き
©NASA/JPL-Caltech/SwRI/MSSS/Kevin M. Gill

南極側から見た木星
©NASA/JPL-Caltech/SwRI/MSSS/Gerald Eichstädt

① 個性豊かな惑星たち

図表5-5 上空920kmから見た水星 ©ESA/BepiColombo/MTM

図表5-6 紫外線で見た金星を覆う雲 ©ISAS/JAXA

図表5-7 宇宙から見た地球 ©JAXA/NASA

水星

太陽に一番近い場所で長い間熱を浴び、昼間は400℃以上もの灼熱の世界となる。しかし、大気がほとんどないので夜には熱が宇宙へ逃げ、-200℃近い極寒の惑星となる。昼間は暑い水星でも、極付近のクレーター内部には、1年中太陽光が当たらない場所があり、水の氷があると推測されている。

金星

金星もかつては海があったが、温室効果で水が蒸発してしまった。上空には分厚い濃硫酸の雲が全体を覆っており、この雲が太陽の光々よく反射するので、金星はとても明るく見える。太陽系の惑星で唯一、逆向きに自転している。自転周期は243日、公転周期は225日とどちらも同じくらいだが、逆向きに自転しているため、1日（日の出から次の日の出まで）は地球の117日分もある。

地球

唯一、広大な海をもち、生命がいる惑星。太陽に近すぎず遠すぎず、水が液体で存在できるちょうど良い温度をもっているからだ。酸素を含む大気の層が、太陽から降り注ぐ有害な紫外線などからわれわれを守っている。

図表5-8 火星に見つかる峡谷状の地形 ©NASA/JPL-Caltech/ University of Arizona

図表5-9 大赤斑と衛星イオ
©NASA/JPL/University of Arizona

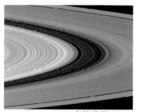

図表5-10 土星のA環、B環
©NASA/JPL/Space Science Institute

図表5-11 北極側が見えている2021年の天王星
©NASA, ESA, Amy Simon (NASA-GSFC), Michael H. Wong (UC Berkeley)IMAGE PROCESSING: Alyssa Pagan (STScI)

図表5-12 2020年に現れた海王星の暗斑 ©NASA, ESA, STScI, M.H. Wong (University of California, Berkeley) and L.A. Sromovsky and P.M. Fry (University of Wisconsin-Madison)

火星

大気は主に二酸化炭素だが、とても薄い。荒涼とした赤い砂漠の大地が広がる火星は、太陽から遠く寒いため、現在では水は大気の中か地下の氷にしか存在していない。しかし、探査機がとらえた峡谷状の溝の形状は季節ごとに変化しており、地下から溶け出した水が今でも流れ出ている可能性を示している。

木星

秒速100m以上のジェット気流が東西方向に吹き、引き伸ばされた雲が縞模様やいくつもの渦巻く嵐をつくっている。気流の厚みは3000km深くまで続き、渦は100～350km以上深いところまで伸びていることが探査機ジュノーの観測でわかってきた。

土星

小口径の望遠鏡でも見える立派な環が特徴的。一粒一粒の氷の塊が土星の赤道面上を回ることで環ができている。カッシーニの隙間の両側に広がるA環、B環は最も明るく見える環で、これは、表面がまだ新しい氷の塊が太陽光をよく反射するからだ。この領域では氷同士の衝突により新たな塊ができていることを物語っている。

天王星

1781年、人類が初めて望遠鏡で偶然に発見した惑星。遠くて動きが遅いうえに暗かったため、最初は恒星か彗星だと思われていた。同じく青く見える海王星より色が淡いのは、大気を白く見せるもやの層が天王星で厚いためと最近の研究で考えられている。

海王星

1846年、計算で位置を予測し発見された初めての惑星。ボイジャー2号によって初めて発見された暗斑は巨大な渦巻き状の嵐で、しばらくすると消え、新たに違う場所に現れることをくり返している。しかし、その仕組みはまだよくわかっていない。

プラスワン

土星の環は将来なくなる？
土星の環がきれいな形を保っているのは、環の近くを公転する衛星の重力によって、環を構成する粒子が拡散するのを防いでいるからと考えられている。このような衛星のことを羊の群れをまとめる羊飼いにたとえてシェパード・ムーン（羊飼い衛星）と呼ぶ。一方で、土星の磁場の影響下に入ってしまった粒子は環から引き離され、土星本体に落ちてしまうことがわかっている。最新の研究では、1億年程度で粒子は全部落ちると見積もられている。立派な環が今見られるのはラッキーなのかもしれない。

F環のすぐそばを公転する衛星プロメテウス
©NASA/JPL‐Caltech/Space Science Institute

▶ **火星の表情が様変わり**
火星では砂が風で巻き上がる「砂嵐」がよく起きる。南半球が春から夏のときに起こりやすい。一度、砂嵐が発生すると連鎖的に次々と起こり1カ月くらいで火星全体が砂のもやでかすんでしまうこともある。雨が降らない火星ではもやが晴れるまで数カ月かかる。太陽電池で動く探査ローバーにとって空が暗くなる砂嵐は大敵だ。

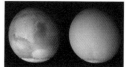

砂嵐で覆われる前（左）と後（右）
（2001年6月と7月）
©NASA/JPL-Caltech/MSSS

3節 惑星といえるのは どんな天体？

ポイント

2006年まで、惑星とはどんな天体なのかと聞かれても、ちゃんとした答えがなかった。しかし、観測技術が進歩して遠くの方まで見えるようになると、惑星に匹敵する大きな天体も発見されるようになり、惑星と区別する必要が出てきた。そこで、国際的な惑星の定義がつくられた。どのような条件だと惑星と呼ぶのだろうか。

▶ 準惑星

「その天体の軌道近くから他の天体が排除されていない」と「衛星でないこと」が惑星とは異なる条件だ。2021年2月時点で太陽系外縁天体である冥王星とエリス、マケマケ、ハウメア、小惑星帯で最大のケレスが準惑星に登録されている。他にも準惑星の基準を満たしそうなものがあるので、今後増えるかもしれない。

▶ ケレス☞用語集

プラスワン

準惑星にも子分あり
準惑星にも衛星を捕獲するほどの重力はあり、冥王星に5つ、ハウメアに2つ、エリスに1つの衛星が発見されている（マケマケには未確定の衛星が1つ）。

衛星カロン（左）は冥王星（右）の半分もの大きさがある。
©NASA/JHUAPL/SwRI

① 惑星の条件は？

条件①「太陽のまわりを回る天体である」

われわれの住む地球も、およそ365日で太陽のまわりを回っている。

条件②「自己重力によって丸くなっている」

ある程度大きな天体であれば、天体の中心に向かって働く重力（自己重力☞用語集）によって自然に丸くなる。ガス惑星の場合、ガス（気体）は移動しやすいため、天体の中心へと集まり丸くなる。岩石惑星は、微惑星が衝突と合体をくりかえして大きくなる過程で全体が溶けたマグマのような状態になったので、そのときに丸くなったと考えられている。

条件③「その天体の軌道近くから他の天体を排除している」

小さい天体が大きな天体の近くを通ると、強い重力で引き寄せられ衝突する。または引き寄せられた勢いで飛ばされるか、衛星として捕獲されることもある。こうして衛星や重力的な支配下にある天体（木星のトロヤ群など（☞81ページ）を除いて、同程度の大きさの天体が惑星の軌道近くからなくなっていくのだ。

図表5-13 小惑星「イトカワ」
小天体は重力が弱いので丸くならない。©JAXA

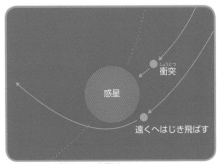
衝突
惑星
遠くへはじき飛ばす
図表5-14 惑星とその軌道上の天体

② 惑星の種類

太陽に近い4つの惑星、水星・金星・地球・火星は主に岩石と鉄でできた**地球型惑星**（岩石惑星）、太陽から遠い木星・土星・天王星・海王星は主に水素やヘリウムのガスでできた**木星型惑星**（ガス惑星）に分類される。天王星・海王星は木星型に比べてガスが少なく、氷のマントルに覆われているため、**天王星型惑星**（氷惑星）と呼ばれることも多い。

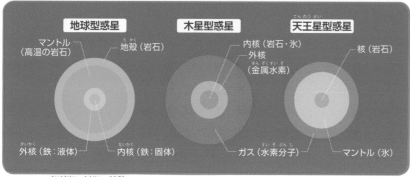

図表 5-15 太陽系の惑星の構造

③ 意外と複雑だった準惑星の素顔

2015年にNASAの探査機ニューホライズンズ（☞用語集）が冥王星に到達する前まで、研究者達は、冥王星は全体がクレーターで覆われていると考えていた。しかし探査機が撮影した上空7万kmからのクローズアップ画像には、水の氷でできた3000mを超える山脈、巨大な亀裂など、予想を超えた複雑な地形が写っていた。冥王星は今でも地質学的な活動を続けているのかもしれない。また、スプートニク平原と呼ばれるハート型の地形の左半分は、窒素やメタンの氷を豊富に含み、地下には水の海が広がっている可能性も示された。山脈や断崖などの地形がどのようにしてできたのか、まだ謎は多く、今後の研究成果が期待される。

図表 5-16 冥王星の全体像。©NASA/Johns Hopkins University Applied Physics Laboratory/ Southwest Research Institute/Alex Parker

図表 5-17 氷の平原と連なる氷山。©NASA/ Johns Hopkins University Applied Physics Laboratory/Southwest Research Institute/ Lunar and Planetary Institute/Paul Schenk

▶ **微惑星** ☞用語集

プラスワン

なぜ冥王星は準惑星に？
1930年に第9惑星として発見された冥王星は、もともと少し変わっていた。他の惑星の軌道からかなりずれていたし、望遠鏡の性能が良くなると、月より小さいこともわかった。また、観測技術の進歩により、1992年以降、冥王星の軌道近くにもたくさんの小天体（太陽系外縁天体）が発見されるようになった。つまり、冥王星ほどの重力では自分の近くの天体を遠くへはじき飛ばすほどの力はなかったというわけだ。そこで国際天文学連合は2006年、準惑星という新たな分類をつくり、冥王星をそこに当てはめたのだ。

▶ **準惑星の変わった軌道**
準惑星の軌道を見てみると、8つの惑星とは特徴が異なることがわかる。惑星に比べて軌道がゆがんだ楕円であり、冥王星は海王星軌道の内側に入り込むこともある。また、軌道を真横から見ると、他の惑星の軌道面よりもだいぶ傾いている（冥王星は地球の軌道に対して約17°の傾き）。

5 章

太陽系の仲間たち

4節 太陽系とはなんだろう

ポイント 太陽系には8つの惑星以外にも色々な天体がある。太陽系の中心である太陽の引力の影響はとても強く、その引力に引かれて太陽のまわりを回る小さな天体は非常に多いのだ。ここではその小さな仲間たちの姿と特徴を見てみよう。

▶ 彗星の尾はどっち向き？

彗星の核からガスと塵が放出されると、それぞれイオンの尾、ダストの尾が形成される。どちらの尾も基本的には太陽と反対方向に伸びるが、電気を帯びたイオンの尾は太陽風に流されて太陽と正反対の方向に真っすぐ伸びる。ダストの尾（塵の尾）は彗星の軌道面に広がった幅の広い尾となる（図表5-23）。彗星が進む後ろ側に尾が伸びるわけではないことに注意しよう。

プラスワン

流星群は彗星の子

毎年8月に見られるペルセウス座流星群など、○○座流星群と呼ばれる流星群はいつも同じ時期に見られる。流星群のもとは彗星がまき散らした塵だからだ。彗星が通った後に塵が残り、その塵の帯の中を毎年地球が通過するたびに、たくさんの流星が見られる、というわけだ（図表5-19）。

① 太陽系は大家族

太陽と、その強大な引力に引かれて太陽のまわりを回っている天体すべてをふくむまとまりを太陽系と呼んでいる。その構成メンバーは**惑星**、惑星のまわりを回る**衛星**、火星と木星の軌道の間にたくさん分布している**小惑星**、時おりきれいな尾をなびかせながらやって来る**彗星**、海王星よりも遠くの領域にたくさん見つかっている小天体**太陽系外縁天体**。そして、天体と呼ぶほど大きくはないが、夜空を一瞬さっと横切る**流星**や、流星が燃え尽きずに地上まで落下した**隕石**も、もととなる物質は太陽系内にあったものだから太陽系の一員といえるだろう。また、2006年には**準惑星**という新たな分類もできた（冥王星はその代表例である）。

図表5-18 2020年7月に明るくなったネオワイズ彗星 ©国立天文台

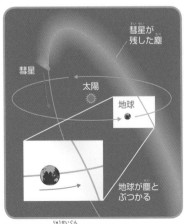

図表5-19 流星群が見られるしくみ

図表5-20 中央に見える線状に写っている光が流星 ©国立天文台

② 小惑星 ～岩石の群れ～

　小惑星というと、探査機「はやぶさ2」が小惑星リュウグウにタッチダウンし、取得した砂粒を2020年に地球に持ち帰ってくるという偉業を成し遂げたことで覚えている方も多いだろう。小惑星とは、岩石質の天体で、太陽のまわりを回ってはいるが小さすぎて丸い形になれず、惑星や準惑星と呼べないもの。大きさは直径数百cmから数百kmのものまでさまざまだ。小さいとはいえ、小惑星の中には衛星をもつものもある。小惑星同士の衝突でできた破片が衛星になったのではないかと考えられている。小惑星の多くは、火星と木星の軌道の間に分布しており、その領域を**小惑星帯**と呼ぶ。番号が登録されている小惑星はおよそ60万個もある（2022年9月時点）。

図表 5-21　1993年、探査機ガリレオが発見したイダ（左）の衛星ダクティル（右）。衛星をもつ小惑星は現在400以上知られている。©NASA/JPL

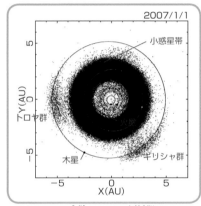

図表 5-22　木星軌道付近までの小惑星の分布。黒い点の集まりが小惑星。準惑星ケレスは小惑星帯の中にある。© 吉川真

③ ほうき星 ～彗星～

　尾をなびかせながらやってくるその姿から**ほうき星**とも呼ばれる**彗星**は、太陽のまわりを回る小天体だ。本体は塵が混ざった氷の塊で、表面が砂で汚れた雪玉の姿にもたとえられる。大きさは数kmくらいから数十kmくらいと小さいが、木星の軌道よりも内側にやって来ると、太陽の熱で表面の氷が昇華し内部のガスや塵が放出されて本体のまわりを包み込む大きな**コマ**ができる。地上からは太陽に淡く照らされたコマやそこから伸びる尾が見えているのだ。

図表 5-23　ヘール・ボップ彗星。太陽がある方向とは正反対の向きに伸びる青いイオンの尾と白っぽいダストの尾がはっきりと見られた。© 国立天文台

● 環をもつ小惑星 ?!
環をもつのは惑星だけだと思われていたが、1993年の観測で小惑星カリクロにも2本の細い環があることがわかった。カリクロが恒星の前を横切るとき、隠された恒星が暗くなる現象（恒星食）が起こるのだが、カリクロ本体が隠す前後にも恒星が暗くなる瞬間があったのだ。同じ方法で準惑星ハウメアにも環が見つかっている。

● 火星から見た日食
火星の衛星でも日食は起こる。これはパーサヴィアランスから見たフォボスによる日食だ。もう1つの衛星ダイモスは小さいため太陽面通過のように見えるだろう。

©NASA/JPL-Caltech/ASU/MSSS/SSI

● トロヤ群小惑星
小惑星の分布は木星の重力に大きく影響される。小惑星帯ができるのはそのためだ。また、木星の軌道上に2カ所多く分布しているところがあり、これらをトロヤ群小惑星と呼ぶ。2カ所のうち、木星の進行方向にある小惑星をギリシャ群、後方をトロヤ群と区別する場合もある（図表5-22）。この2カ所は大体力学でラグランジュ点といい、この点と太陽・木星を結ぶと正三角形となる位置関係にある。そこに小惑星が多いのは、木星の重力の影響を受けにくい安定した場所だからだ。

日本の惑星探査

JAXA（宇宙航空研究開発機構）では、金星と水星の探査を進行中だ。2010年に打ち上げられた金星探査機「あかつき」は、金星の大気を観測し、スーパーローテーションと呼ばれる金星全体に吹く高速の風（自転の60倍もの速さの風）の解明などに挑んでいる。また、ヨーロッパと共同で開発された水星探査計画ベピコロンボの2機の探査機が2018年10月に打ち上げられた。地球・金星・水星で合計9回ものスイングバイをおこない、約7年かけて2025年に水星に到達する予定だ。

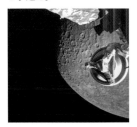

ベピコロンボが水星でスイングバイした際に撮影した水星
©ESA/BepiColombo/MTM

火星の衛星はどこから?

日本のJAXAは火星の衛星からサンプルリターンを計画中だ。2024年打ち上げの予定で、2つの衛星が、火星の重力に捕獲された小惑星か、火星への天体衝突による破片からできたのかの解明を目指す。

コラム

▶▶▶ 火星で活躍する着陸機たち

今、火星を走る探査車で1番の長寿はアメリカNASAの「キュリオシティ」だ。2012年8月に着陸してから約29km走行し、その途中で41個の石や土壌を分析してきた。これまでで1番の成果はかつてゲールクレーターに液体の水の湖が少なくとも数千万年にわたって存在していたことをつきとめたこと。生命に欠かせない水がどのようにして失われたのか、また再び復活することもあるのか、今後新たな地域を探査することで、ヒントが得られるかもしれない。キュリオシティはあと数年間は活動できると期待されている。

火星に地震計を持ち込み、初めて火震（火星の地震）を検出したのはNASAの「インサイト」だ。2018年11月に着陸して以来、1300以上の火震を検出してきた。地震波で地球内部の構造を推定できるのと同じように、火震の観測も火星のマントルや核を調べるのに重要なデータだ。地球より小さな火星では内部はすでに冷え切って固体になっているだろうと思われていたが、これまでの観測から、地球のように熱で溶けた核があることがわかった。地球ではプレート運動によって地震が起こるが、火星ではプレートはないと思われているため、かつての火山が冷える過程で地殻も冷えて収縮し亀裂が入る時に振動が起きるのではないかと考えられている。

最新の探査車はなんと火星で酸素まで作り出している。2021年2月に着陸したNASAの「パーサヴィアランス」は、MOXIEと呼ばれる実験装置で火星大気の二酸化炭素を酸素と一酸化炭素に分解し、1時間で約5gの酸素の生成に成功した。人間1人が約10分間呼吸できる量だ。1年間では1人約1ℓ必要となるため、地球から運ぶより現地調達したほうが効率的だ。火星に住むための準備が少しずつ進んでいる。

キュリオシティ自身がこれから向かうシャープ山方面を2015年9月に撮影した画像。2022年7月には黄色の丸印のところを通過した。
©NASA/JPL-Caltech

Question 1

地球から見て最も明るく見える惑星はどれか？

① 木星
② 金星
③ 月
④ 火星

Question 2

土星探査機カッシーニは 20 年にわたるミッションの間にさまざまな天体を探査したが、次のうちカッシーニが観測していないのはどれか？

① 木星の大気のようす
② 衛星エンケラドスの間欠泉
③ 衛星タイタンの大気
④ 冥王星の地表のようす

Question 3

次のうち火星の特徴にあてはまらないものはどれか？

① 液体の水がある
② 大気の主な成分は二酸化炭素である
③ 火震（火星の地震）がある
④ 日食がある

Question 4

次の文章はどの惑星の特徴を表したものか？
「1846 年、見える位置を計算で予測し発見された初めての惑星。暗斑と呼ばれる模様がときどき現れる。細い環が数本あり、青っぽく見える惑星。」

① 木星
② 天王星
③ 海王星
④ 冥王星

Question 5

ケレス以外の準惑星の軌道の特徴として正しくないのは次のうちどれか？

① ゆがんだ楕円である
② 海王星よりも遠くを公転している
③ 惑星の軌道面よりも大きく傾いている
④ 公転周期が 150 年よりも短い

Question 6

彗星は何でできているか。

① かたい岩石
② 純水が凍ったもの
③ 惑星になりそこねたガスの集まり
④ 氷と塵が混じった汚れた雪玉

Question 7

以下の図は、太陽系の惑星を内部構造の特徴によって 3 つに分類し、模式的に表したものである。水星、土星、海王星の内部はそれぞれどれにあてはまると考えられるか。正しい組み合わせを選べ。

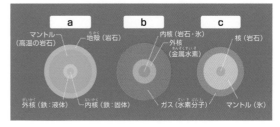

① a ー水星、b ー土星、c ー海王星
② a ー海王星、b ー土星、c ー水星
③ a ー海王星、b ー水星、c ー土星
④ a ー土星、b ー水星、c ー海王星

Question 8

望遠鏡で恒星と惑星を観察したとき、惑星だけに見られる特徴は何か。

① 色がわかる
② 倍率を上げると大きく見える
③ 昼間でも見える
④ 像がゆらゆらと少し揺れて見える

Question 9

彗星から伸びる尾を表したものとして正しいのはどれか。

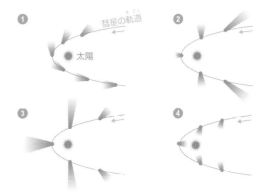

Answer 1 ▪▪▪▪

❷ 金星

金星は上空を覆う濃硫酸の雲が太陽の光をよく反射し、反射能が肉眼で見える5惑星の中で最も高い。地球からも近いので最も明るいときで－4.7等級にもなる。次に明るく見えるのは火星。大きさが金星の半分ほどしかないが、地球に大接近する時には－3等級近くまで明るくなる。3番目に明るく見えるのは木星で最大で－2.8等級まで明るくなる。月はこれらの惑星よりもさらに明るくなるが惑星ではなくて衛星なので正解ではない。

Answer 2 ▪▪▪▪

❹ 冥王星の地表のようす

カッシーニは1997年に打ち上げられ約7年かけて土星に向かった。その途中に木星にも接近し大気の様子などを観測した。土星本体はもちろん、エンケラドスやタイタンなど数多くの衛星や環も詳細に観測した。土星より遠くにある冥王星は訪れていない。冥王星を訪れたことがある探査機はニューホライズンズだけだ。ちなみにカッシーニは13年間という長い間土星を探査した後、生命がいるかもしれない衛星エンケラドスに衝突する事態を避けるため、最後は土星の大気に突入して燃え尽き、ミッションを終えた。

Answer 3 ▪▪▪▪

❶ 液体の水がある

温度が低い火星では、液体ではなく氷の状態で地下などに水が存在しているであろうと考えられている。❷火星の大気は地球と比べるととても薄く、成分の約96%は二酸化炭素である。❸NASAのアポロ計画の観測により月にも地震（月震）があることがわかり、火星でも地震があるだろうと長年考えられてきたが、火星着陸機インサイトの観測により2019年、火震が初めて検出された。❹地球の月が太陽を隠すことで日食が起きるように、火星の衛星も太陽を隠すことがある。ただ、2つの衛星フォボスとダイモスは見かけの大きさが太陽よりもずっと小さいため、皆既日食のようにはならず、金環日食もしくは太陽面通過のように見える。

Answer 4 ▪▪▪▪

❸ 海王星

天王星が発見されてしばらくたった頃、天王星の実際の位置と、計算で予測した位置が合わないことがわかり、未知の天体の存在が指摘された。未知の惑星の引力が天王星の動きに影響を与えていると考えられたからだ。未知の惑星の位置を計算し、望遠鏡で観測したところ、それまでの星図には載っていない海王星が発見された。❶木星にも細い環が数本あるが、特徴的な模様は大赤斑と呼ばれる赤い渦巻きである。❷天王星にも数本の環があり、海王星よりやや淡い青色に見え、小さな暗斑が現れることがあるが、望遠鏡で偶然に発見された惑星である。❹冥王星は準惑星である。ちなみに、冥王星は当時の最新技術であった写真乾板で夜空を撮影するという方法を用いて発見された。

Answer 5 ▪▪▪▪

❹ 公転周期が150年よりも短い

小惑星帯の中を公転しているケレスを除くと、2022年の時点で準惑星に登録されている4つの天体は海王星よりも遠い太陽系の外縁部を公転している。ほぼ正円の軌道をもつ惑星に対して、ゆがんだ楕円であり、軌道を真横から見ると惑星の軌道面よりもだいぶ傾いている。太陽系の天体の公転周期は太陽から遠いところにある天体ほど長く、ケレス以外の準惑星の公転周期はどれも海王星の165年より長い。

Answer 6 ▪▪▪▪

❹ 氷と塵が混じった汚れた雪玉

彗星の本体（核）は水や二酸化炭素などの氷と塵でできている。太陽に近づくと熱で氷が溶け出し、ガスとなって混じり込んでいる塵とともに宇宙空間へ噴き出している。これが太陽光を反射すると尾として見える。

Answer 7 ▪▪▪▪

❶ a－水星、b－土星、c－海王星

a、b、cはそれぞれ地球型惑星（岩石惑星）、木星型惑星（ガス惑星）、天王星型惑星（氷惑星）の内部構造を表した模式図。水星の密度は小さいわりに高いので、水星全体の半分以上を占める巨大な核の存在が考えられている。

Answer 8 ▪▪▪▪

❷ 倍率を上げると大きく見える

非常に遠方にある恒星は、倍率を上げても点状にしか見えないが、地球から近い惑星は倍率を上げるほど大きく見え、金星は満ち欠けしている形もわかる。また、恒星も惑星も望遠鏡で見ると色がわかる。たとえばアンタレスや火星は赤っぽく、はくちょう座の二重星アルビレオは赤と青の星が2つ並んで見える。明るい恒星や惑星なら昼間でも望遠鏡を使うと青空の中で光っているようすが見られる。ただし、夜に見るときと比べて色はわかりにくい。大気が安定しない日には、恒星も惑星も見た目の像が少し揺れて見える。小さな点状の恒星はそのちらつきが特に目立つ。

Answer 9 ▪▪▪▪

❸

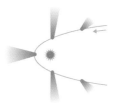

彗星の尾は太陽と反対方向に伸び、太陽に近づくほどガスや塵が多く放出されるので尾が長くなる。❶尾の向きが正しくない。尾は彗星の進行方向の後ろ側に伸びるわけではない。❷尾の向きは正しいが、太陽から遠いほど尾が長くなっているので間違い。❹尾の向きが正しくない。

6章

TEXTBOOK FOR ASTRONOMY-SPACE TEST

〜太陽系の彼方には何がある〜

★ アインシュタインの宿題・重力波を検出

宇宙空間は、はるか昔から未来まで、永久に変わらないものなのだろうか。1916年にアルベルト・アインシュタインは、空間はずっと一定ではなく、形がゆがみ、時間の流れ方も変化すると提案した。もしこれが正しいとすると、時空の変化がさざ波のように周囲へと伝わっていくはずである。このさざ波は「重力波」と呼ばれる。アインシュタインの提案からわずか数カ月後には重力波の存在も予言されていたのだが、重力波の波が非常に小さいため検出は困難を極め、「アルベルト・アインシュタインの最後の宿題」と言われていたのである。一般相対性理論の発表から約100年後、人類史上初の重力波GW150914がアメリカのLIGOで検出された。この検出結果と理論予測とを組み合わせたところ、この重力波は2つのブラックホールが合体して1つのブラックホールになった際に放出されたものであるということがわかった。ちなみに重力波源GW150914の命名法は、"GW"がGravitational Wave（重力波）の頭文字であり、数字の"150914"は、その検出日である2015年9月14日を表す。その後も重力波の検出は増え続け、今では毎月数個以上のペースで重力波が検出されている。日本の大型低温重力波望遠鏡KAGRAも2020年に観測を開始し、世界の重力波望遠鏡と共同して観測をおこなっている。

重たい星の連星が合体して重力波を出すイメージ図。重たい星同士の合体により、時空がゆがんで重力波が発生することは理論的に予測されていた。実際に2017年8月17日に初めて観測され、その後も検出されている。©Courtesy Caltech/MIT/LIGO Laboratory

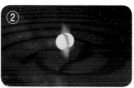

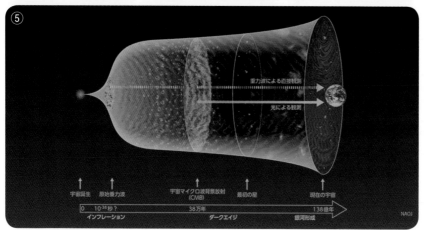

運動する物質が重く、加速が大きいほど時空が大きくゆがみ、強い重力波が出るため、検出しやすくなる。したがって、①重たい星がお互い回り合う連星の公転、②重たい星やブラックホール同士が衝突して合体する現象、③重たい星の自転、④超新星爆発、⑤誕生して間もない頃に急激に大きくなった初期宇宙、が主な重力波の発生源になる。

★ 重力がつくる、宇宙の大規模構造

銀河は互いの重力によって結びつこうとしている。小規模の銀河集団を**銀河群**、大規模の銀河集団を**銀河団**と呼ぶ。銀河団や銀河群は互いにゆるくつながり合い、まるで泡状構造のような分布が見られる。銀河団や銀河群が多数集合したものは**超銀河団**と呼ばれ、泡状構造の内部は空洞のようにも見える（空洞を意味する**ボイド**と呼ぶ）。こういった泡状構造は宇宙を広く覆っていることがわかっており、これを**宇宙の大規模構造**と呼んでいる。地球からどんどん遠ざかって銀河系＝天の川銀河から近くの銀河集団、宇宙の大規模構造をみていこう。

地球から10万光年離れると、天の川銀河（銀河系）のハロー部全体を見下ろすことができる。天の川銀河円盤部の周囲を取り囲む点は球状星団（☞2級6章）である。

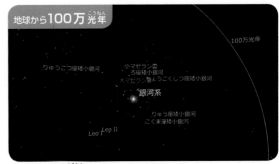

地球から100万光年離れると、他の銀河が見えるようになる。天の川銀河のまわりを取り巻く数十の淡いしみのようなものは、大マゼラン雲や小マゼラン雲に代表される天の川銀河の衛星銀河。天の川銀河が衛星銀河よりも大型の銀河であることがわかる。

天の川銀河と似た規模の大型の銀河、アンドロメダ銀河とさんかく座銀河が多数の衛星銀河を従えているのが見える。天の川銀河、アンドロメダ銀河、さんかく座銀河、その他に数十の衛星銀河たちの集団が、局部銀河群（局所銀河群ともいう）である。

地球から1億光年離れると、天の川銀河はもはや点ですらなく、局部銀河群も見分けができない。M 87という超巨大楕円銀河を中心とするおとめ座銀河団を中心に、局部銀河群や周囲の銀河群をまとめた集団を局部超銀河団と呼ぶ。おとめ座銀河団は、宇宙全体でみると、銀河団としては小規模である。膨張する宇宙空間の中、互いの重力で構造をつくろうとするせめぎあいで、宇宙全体にこのような構造ができたのだろうと考えられる。

地球から10億光年離れると、宇宙の大規模構造がよく見える。銀河分布が泡状構造となり、局部超銀河団は、この泡の結節点のたった1つである。なお、この画面内で表現されている泡状構造は、SDSSと呼ばれる宇宙の大規模構造の地図作成専用の望遠鏡による実際のデータから作成された。

上画像5点：Mitaka© 加藤恒彦、ARC and SDSS、国立天文台4次元デジタル宇宙プロジェクト

6章

1節 太陽系の外はどうなっている?

ポイント 星座を形づくる星々は惑星よりもずっとずっと遠くにある。太陽系の外の宇宙では、星々はどのように広がっているのだろうか。星の世界のスケールを考えてみたい。

▶ 1m ☞用語集

▶ 天文単位 ☞用語集

▶ 光年 ☞用語集

--- 攻略ポイント ---
光年と書いてあるから時間の単位かと思いきや、これは距離の単位。もし数値を覚えるのなら、ざっと1天文単位は1.5億km、1光年は10兆kmで十分だろう。

--- プラスワン ---
太陽は何座?
青空の向こうの星座が見えていたら、太陽も○○座の中の星、として見えるだろう。しかし太陽は星座の星々の中を1年かけて駆け巡る。だから固定した場所はない。星座の星々の中の、太陽の通り道を「黄道」(☞2章28ページ)と呼んでいる。だから、こじつけて言えば、太陽は、黄道上の星座の中の星である。

▶ 年周視差 ☞用語集

▶ パーセク ☞用語集

1 星座を形づくる星々はどのくらい遠くにある?

星座を形づくる星々は、太陽系の外側にある。ちょっと難しめの天文学の本には、こんなことが書かれている。(1) 星座を形づくる星々は月や惑星と違って、どれも太陽のような、自ら輝く星(恒星)である。(2) 太陽系の中では**天文単位**という単位で距離を測るが、星座の星々までは**光年**という単位で距離を測る。

さて、こう書いてあっても、日常生活の中ではなかなか実感できない。ただし、もし星座の星々が月や惑星までの距離と比べて、とんでもなく遠くにあるとすれば、その星々が太陽のように明るい星であっても、弱々しい光にしかならないことは納得できるであろう。本章では、星座の星々が月や惑星と比べて、途方もなく遠くにあることが理解できることを目標にしよう。

図表6-1は、太陽のまわりを地球が回っていて、そのまわりに星座の星々が散らばっているようすを表している。星座の星々がすぐ近くにあると、このような配置になるだろう。もし図表6-1のような配置であれば、地球から夜に見える星座の星々の数は、1年かけて見ることができるすべての星の半分を大幅に下回るだろう。ところが、実際にはこういうこ

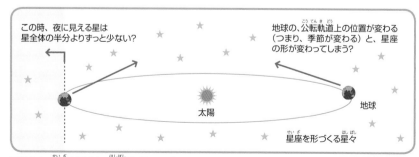

この時、夜に見える星は星全体の半分よりずっと少ない?

地球の、公転軌道上の位置が変わる(つまり、季節が変わる)と、星座の形が変わってしまう?

太陽　　地球

星座を形づくる星々

図表 6-1 星座を形づくる星々(恒星)が、惑星の公転軌道のすぐ外側だとすれば…

とは起こっていない。1年中いつだって、夜に見える星は、全天の星の
ちょうど半分である。これは星座の星々が、地球の公転軌道で描くこと
ができる距離より、ずっと遠方にあれば解決する（図表6-2）。また、地
球が公転軌道上の位置の違うところから、ある星座を見ることを考えて
みよう。たとえば、カシオペヤ座を、春の明け方に見る場合と秋の夕方
に見る場合を考えてみよう。もし図表6-1のような配置であれば、その
星座の形は、季節が変わればかなり違って見えるだろう。ところが、実
際にはこういうことは起こっていない。カシオペヤ座はどの季節であっ
てもW字に見えるし、オリオン座の三つ星はいつもそろっている。こ
れも、星座の星々が、地球の公転軌道で描くことができる距離より、ずっ
と遠方にあれば解決するのだ（ふたたび図表6-2）。

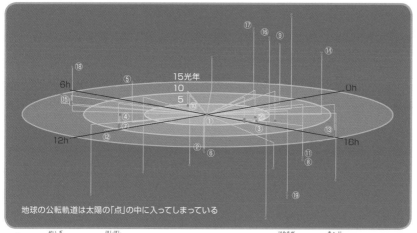

地球の公転軌道は太陽の「点」の中に入ってしまっている

図表 6-2 星座を形づくる星々（恒星）が惑星の公転軌道の大きさに比べて桁違いに遠い距離にあるとすれば…

以上から、星座の星々は、図表6-1のように太陽や惑星と同じくらい
の距離に配置されているのではなく、図表6-2のように太陽や惑星より
もはるか彼方に配置されていることがわかった。地球公転軌道の半径が
1天文単位であるので、星座の星までの距離は天文単位で測りきれない
くらいの遠距離である、ということになる。たとえば、2等星以上に明
るく見える星で、太陽の次に近い恒星は、近い順にケンタウルス座 α
星（α Cen）、シリウス（α CMa）、プロキオン（α CMi）である。詳
しい観測により、それぞれ 4.3 光年、8.6 光年、11.5 光年と測定されて
いる。天文単位でいえば、それぞれ 27 万天文単位、54 万天文単位、73 万
天文単位になる。最も近い恒星であっても、天文単位で測ればこんなに
大きな数値になるのだ。

長さ	メートル	m	
	天文単位	au	1.4960×10^{11} m
	光年	ly	9.4605×10^{15} m ＝ 6.32×10^{4} au ＝ 0.307pc
	パーセク	pc	3.0857×10^{16} m ＝ 2.06×10^{5} au ＝ 3.26 ly

順位	恒星名	地球からの距離
1	太陽	光で8分20秒の距離
2	ケンタウルス座 α 星	4.3光年
3	バーナード星（へびつかい座）	5.9光年
4	ウォルフ359番星（しし座）	7.7光年
5	BD+36°2147番星（おおぐま座）	8.3光年
6	ルイテン726-8番星（くじら座）	8.4光年
7	シリウス（おおいぬ座 α 星）	8.6光年
8	ロス154番星（いて座）	9.7光年
9	ロス248番星（アンドロメダ座）	10.4光年
10	エリダヌス座 ε 星	10.5光年
11	CD-36° 15693	10.7光年
12	ロス128番星（おとめ座）	10.9光年
13	ルイテン789-6番星（みずがめ座）	11.2光年
14	はくちょう座61番星	11.4光年
15	プロキオン（こいぬ座 α 星）	11.5光年
16	BD+59° 1915	11.6光年
17	BD+43° 44	11.7光年
18	G51-15	11.7光年
19	インディアン座 ε 星	11.8光年
20	くじら座τ星	11.9光年

図表 6-3 地球から 12 光年以内にある恒星（出典：2021 年版理科年表）。連星系は、それぞれ主星で代表した。ケンタウルス座 α 星は、3 重星（3 つの恒星からなる連星）で、その中の一番近い星までなら、4.2 光年である。

● **連星** ☞ 用語集

● **ケンタウルス座 α 星**
太陽に最も近い恒星は、ケンタウルス座 α 星（アルファ・ケンタウリ）である。もっとも、この星は実際には 3 重星になっていて、そのなかで最も近い星は、「近い」という意味のプロクシマ（プロキシマ・ケンタウリ）という名前が付いている。

6章

2節 太陽系も星座の星も天の川銀河の中

ポイント 星座を形づくる星々は太陽や惑星よりもずっと遠方にある。太陽と星の世界とは別の世界のように思えるかもしれない。しかし太陽も星座の星々も、ともに天の川の中の構成要素なのだ。

▶ **天の川銀河の形**

天の川銀河は円盤部分と、中心の膨らんだ部分（バルジ）と、円盤部分やバルジを取り囲むような球形状領域（ハロー）からなっている。ただし、形の細かなところはまだまだわからない（☞図表6-7）。

▶ **天の川銀河の大きさ**

これがじつは難問。ざっと、円盤部分の直径は10万光年、太陽系から天の川銀河の中心まで2万6000〜2万8000光年と見積もられている。

プラスワン

銀河鉄道は天の川鉄道

宮沢賢治の作品に登場する銀河鉄道は、天の川に沿って走る鉄道のことである。物語の中に出てくる停車駅や景色は、実在する星をモデルにしている。夜空で実際に探してみよう。

① 天の川

星座早見盤や星図には星座の星々とともに、淡い帯、天の川が描かれている（図表6-4）。

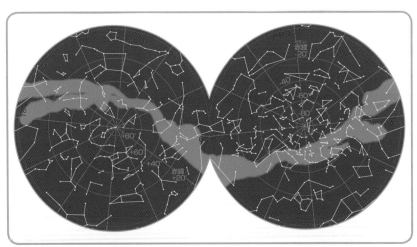

図表6-4 左は北極星が目印の天の北極を中心とした天の北半球、右は天の南半球を表した図で、あわせて全天を示す。淡い色で表現した天の川は、われわれを中心とするかのような大きな円で天を一周している。

天の川も星座の星々と同じように天球に貼り付いて見えている。あたりまえだが、東から昇って西に沈む日周運動をし、年周運動もする。したがって、たまたま天の川がよく見える時期とそうでない時期がある。天の川の地平線からの傾きも時期によって異なる。天の川を拡大すると、びっしりと暗い星がつまっている（図表6-5）。天の川は天球の一方向にだけ見られるのではなく、天球を大きくとぎれることなく一周している（図表6-4）。

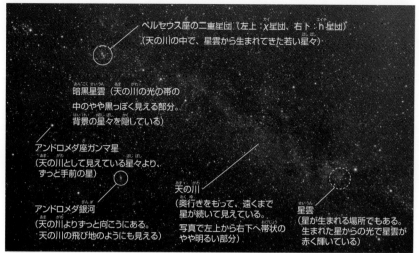

ペルセウス座の二重星団〔左上：χ星団、右ト：h星団〕
（天の川の中で、星雲から生まれてきた若い星々）

暗黒星雲（天の川の光の帯の
中のやや黒っぽく見える部分。
背景の星々を隠している）

アンドロメダ座ガンマ星
（天の川として見えている星々より、
ずっと手前の星）

アンドロメダ銀河
（天の川よりずっと向こうにある。
天の川の飛び地のようにも見える）

天の川
（奥行きをもって、遠くまで
星が続いて見えている。
写真で左上から右下へ帯状の
やや明るい部分）

星雲
（星が生まれる場所でもある。
生まれた星からの光で星雲が
赤く輝いている）

図表 6-5 日本から見える天の川の例 ©Mitsunori Tsumura

② 天の川銀河

　天の川は、遠方まで続く星の分布を見通しているものである。星座の星々と天の川は「陸続き」なのだ。近くにあって、ひとつひとつの星がばらけて見えているのが星座の星、遠くにあって、ひとつひとつの星に分解しにくいものが天の川、ということである（図表6-5）。ところで天の川の見えない方向もある。そこは、星の分布の奥行きがさほどないところである。つまり、夜空に見える星の分布は、あらゆる方向に向かって奥行きがあるのではなく、円盤状の構造をもっていることがわかる（図表6-6）。天の川が天球を一周しているということは、われわれ自身も、この天の川の中にいるということである。天の川の中にいて、天の川を見回しているのである。

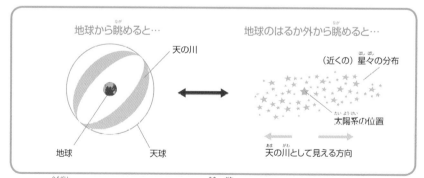

地球から眺めると…　　　　　地球のはるか外から眺めると…

天の川

（近くの）星々の分布

太陽系の位置

地球　　　天球

天の川として見える方向

図表 6-6 扁平な星の集合体系の中から見まわすと、天の川として見える。

天の川銀河の一周
太陽系は天の川銀河の中心から2.6～2.8万光年の距離にあり、回転速度は約220km/秒と推定されている。

じつはこれらの値を求めるのは難しいが、この値で太陽系が天の川銀河の中心のまわりを円軌道を描いているとすれば、その公転周期を求めることができる。計算すると約2億3000万年。今から2億3000万年前は、中生代三畳紀の頃になる。地球の年齢を46億年とすれば、その間に天の川銀河を20周した計算になる。

▶ **天の川はいつよく見えるか**
星座早見盤を回していくと、天の川の全周が地平線にほぼ沿うように位置する時期がある。4月上旬の真夜中0時頃、5月上旬の22時頃、6月上旬の20時頃だ。この時期、天頂は、天の川がつくる面、つまり、天の川銀河の円盤面に対して垂直方向となり、われわれは、その円盤面に立っているともいえる。それ以外の時ならば、空の条件が良ければ夜空に天の川が見えているはずである。特に、天の川は、夏、秋、冬の夕方から真夜中に見えるだろう。夏の夕方、南の空に見える天の川の部分が一番明るく、太い。春でも、明け方近くであれば、夏の星座とともに、天の川が高く昇ってくる。

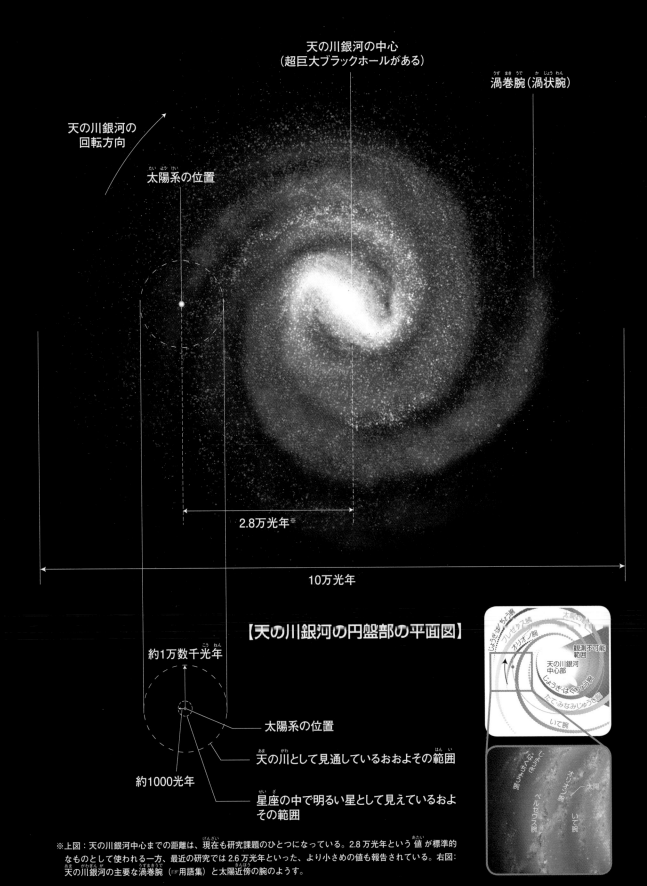

天の川銀河の中心
（超巨大ブラックホールがある）

渦巻腕（渦状腕）

天の川銀河の
回転方向

太陽系の位置

2.8万光年※

10万光年

【天の川銀河の円盤部の平面図】

約1万数千光年

観測不可能
範囲

じょうぎ・ぼうえん腕
プレセウス腕
オリオン腕
太陽系の位置
天の川銀河
中心部
じょうき・はくちょう腕
たて・みなみじゅうじ腕
いて腕

太陽系の位置

天の川として見通しているおおよその範囲

約1000光年

星座の中で明るい星として見えているおよ
その範囲

うしかい・けんたうるす腕
オリオン腕
太陽
いて腕
ペルセウス腕

※上図：天の川銀河中心までの距離は、現在も研究課題のひとつになっている。2.8万光年という値が標準的
なものとして使われる一方、最近の研究では2.6万光年といった、より小さめの値も報告されている。右図：
天の川銀河の主要な渦巻腕（☞用語集）と太陽近傍の腕のよう。

092

バルジ

1.5万光年

円盤

太陽の位置

球状星団
（この点1つの中に数十万個の恒星が集まっている）

ハローの広がり　15万光年

【天の川銀河の円盤部の側面図】

図表 6-7　天の川銀河の構造は、円盤（ディスク）、バルジ、ハローなどに分けられる。円盤状に星々が集まった円盤部の直径は約 10 万光年で、厚みは 1.5 万光年前後である。円盤部の星々は銀河の中心のまわりを回っている。円盤の中心領域は外側に比べて厚み方向に膨らんでおり、バルジ（膨らみの意味）と呼ばれる。円盤とバルジを球状に取り囲むように広がるハロー（光の輪、暈の意味、直径 15 万光年ほど）には、球状星団をはじめとする古い星々が多く存在している。ハローの球状星団は数億年かけて天の川銀河の中心を取り巻くように公転している。ダークマターは上の図のハロー部を含め銀河全体をさらに大きく包むように分布しているのではないかと考えられている。

6章 3節 天の川銀河から宇宙全体へ

ポイント

星々ははるか遠方にありながらも、天の川銀河という巨大な体系を形づくっている。そしてその天の川銀河よりも、さらにはるかな遠くまで宇宙は広がっている。はるか彼方の宇宙には、無数の銀河たちが群れているのだ。

▶ **銀河の認識の歴史**

太陽系、恒星、そして天の川銀河と、人類の宇宙観は広がったものの、天の川銀河が宇宙全体なのか、天の川銀河の外に別の銀河が多数ある銀河の世界が広がっているのかは、20世紀初頭まで議論された。天の川銀河の大きさや、アンドロメダ銀河までの距離が判明してきて、後者が正しいと決着した。われわれが銀河の世界を認識してから、まだ100年くらいしか経っていない。

プラスワン

銀河という名前

中国では、「銀河」以外にも、「天河」「明河」「天漢」「雲漢」「銀漢」などでも天の川の意味を表していた（『詩経』など）。ここで"漢"の字は、その旁は乾いているという意味の文字なので、偏の水と合わせて、"乾いた川"の意味となる。たとえば「天漢」で天上を流れる乾いた川という意味だ、となると落ち着くところだが、じつは少し違って、"漢"は中国に実在する河"漢水"に由来するようだ。ようするに、"天上の

① 天の川の外にも宇宙は広がっている

星座の星々は、太陽系天体に比べて桁違いに遠くにあることを説明した。天の川は星座の星々より遠方の星の集まりということも説明した。となると、目で見える一番遠方は天の川であろうか。いや、もっともっと遠方の天体も見えている。その一例は、アンドロメダ銀河である。秋の天の川で、天の川の飛び地のようにある雲状のものである（図表6-8）。

現在は、アンドロメダ銀河が約230万光年先にある、天の川銀河と似た規模のものであることがわかっている。天の川銀河の外に、天の川銀河と同じようなものがあるのである。これらを、あらためて**銀河**と呼んでいる。われわれの住む銀河が天の川銀河なのである。

図表6-9に散らばる点々

図表 6-8 アンドロメダ銀河（橙色で示した雲状のもの）は、天の川に浸るカシオペヤ座の背後にあるアンドロメダ座の領域内にある。

は、天の川銀河内の星。渦巻くアンドロメダ銀河は、その点々のずーっと向こうにある。

② 銀河は、ところどころ群れている

銀河は大宇宙にまんべんなく分布しているのではなく、ところどころで群れているということがわかっている。天の川銀河やアンドロメダ銀河は大型の銀河で、それぞれ多数の、小さな**衛星銀河**を従えている。図表6-9には、アンドロメダ銀河の2つの衛星銀河が見えている。衛星銀

図表 6-9　アンドロメダ銀河の雄姿（DSS-Wide）。銀河の周囲のたくさんの点々は、われわ
れの住む天の川銀河内の星であることに注意。アンドロメダ銀河の右上と中ほどやや下に見え
る雲状の小さな塊が、アンドロメダ銀河の衛星銀河。

河がアンドロメダ銀河に比べていかに小さいか、よくわかるだろう。天
の川銀河の場合は、大マゼラン雲、小マゼラン雲という衛星銀河が有名
である（図表6-10）。いずれも天の南極近くにあって、日本からは見え
ない。

南天の天の川

石炭袋

大マゼラン雲

小マゼラン雲

図表 6-10　天の川がちぎれて飛んでいるかのような、大マゼラン雲と小マゼラン雲。実際、大マゼラン雲・
小マゼラン雲は「よその天の川」である。石炭袋は、天の川銀河の中にある星雲のひとつである。
©Mitsunori Tsumura

漢水"という意味なわけで
ある。

プラスワン

宇宙の英語名

英語の universe は、ラテ
ン語で、1つに変わる、と
いう言葉からきていて、統
合されたものという意味合
いになっている。また
cosmos は、ギリシャ語の
KOSMOS が語源で、秩序
整然として調和のとれた体
系を表している（反対語は
chaos＝混沌）。
英語では space（空間）と
いう言葉もあるが、これは
地球近傍のごく狭い空間領
域、特に宇宙開発を意識し
て使われることが多い。

▶ **石炭袋**

図表 6-10 に石炭袋と示し
た黒い領域がある。これは
暗黒星雲と呼ばれるものの
1つで、星間空間に浮かぶ
塵（ダスト）が濃く集まっ
た領域である。塵は光を遮
るので、このような領域は、
背後の光を隠してしまう。
塵のある所にはガス（水
素・ヘリウムが主成分の原
子・分子の雲）もある。し
たがって、塵の集まりとは、
濃いガス雲となっていると
ころでもある。可視光では
見えないが、電波や赤外線
では光って見える。石炭袋
に限らず、銀河面に沿うよ
うに、暗黒星雲帯がつなが
っている。図表 6-5 でも、
それがわかる。

▶ **銀河群・銀河団・超銀
河団**

広く宇宙を見渡せば、銀河
は銀河群、銀河団といった
集団をつくり、さらにそれ
らが超銀河団という集まり
になっていることもある
（☞87 ページ）。

▶▶▶ 重力波源 GW150914

　一般相対性理論によれば、重力は、質量の存在による、その周囲の時空のゆがみとして説明される。そのゆがんだ時空が大きく乱される際、そのゆがみが空間を伝わることが予言される。これが重力波である。広い宇宙の中では、ありふれた現象に思えるが、重力波は非常に微弱である。大きな質量ながら非常にコンパクトなために、超高密度となっている極端な天体である中性子星（☞2級5章）やブラックホールによる相互の公転や合体などの現象で、現代の最先端の技術ならば、かろうじて観測されるかどうかという水準であった。そして、ついに、2015年9月14日、アメリカでのLIGO実験から、人類初の重力波観測がなされた。それは重力波源 GW150914 と命名された信号のことであった。

　理論計算との照合から、35太陽質量（☞用語集）のブラックホールと30太陽質量のブラックホールが合体し、新たに、62太陽質量のひとつのブラックホールとなり、3太陽質量に相当するエネルギーが重力波として放出されたと推定された。数十太陽質量という、恒星ひとつの規模としては異様に大きな質量をもつブラックホールがいかにして形成されたのか、今後の大きな研究課題である。一説には、宇宙の暗黒時代を終わらせた初代の星（☞用語集）の時代の非常に大きな質量の星から形成されたものといわれるが、まだ決定打は出ていない。重力波イベントはその後、続々と検出されている。

© 東京大学宇宙線研究所附属重力波観測研究施設

重力波をとらえる「望遠鏡」は日本でも開発が進んでいる。岐阜県飛騨市の神岡鉱山の地下深くには、2002年のノーベル物理学賞の成果につながった研究施設「カミオカンデ」の後継施設「スーパーカミオカンデ」をはじめ、世界最先端の研究施設が整備されている。大型低温重力波望遠鏡計画、愛称KAGRA（かぐら）が2020年2月から稼働し始めた。この「望遠鏡」は地底深くから「重力波」を探ろうとしている。世界中で重力波望遠鏡が競い、そして協力する時代がやってきた。

Question 1

次の図は天の川銀河の正面図ならびに側面図である。それぞれに入る値の組み合わせで正しいものはどれか。

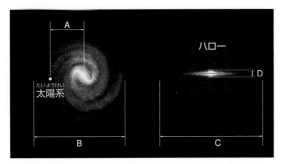

① A:1万光年　　B:15万光年　C:30万光年　D:1000光年
② A:2.6万光年　B:10万光年　C:15万光年　D:1.5万光年
③ A:2600光年　B:1万光年　　C:10万光年　D:1000光年
④ A:2.6万光年　B:15万光年　C:30万光年　D:1.5万光年

Question 2

アンドロメダ銀河までの距離がわかったために、歴史的に明らかになった事実は何か。

① アンドロメダ銀河に衛星銀河がある
② 石炭袋は天の川銀河の中にある星雲のひとつである
③ 大マゼラン雲は天の川銀河の中にある
④ 天の川銀河が宇宙全体ではない

Question 3

アルベルト・アインシュタインがおよそ100年前に予言し、2015年に初めて検出された、質量をもった物体が加速度運動することで、時空の歪みが次々と周囲に伝わっていく現象を何というか。

① 重力レンズ
② 重力波
③ 重力赤方偏移
④ 重力収縮

Question 4

天の川銀河のハローにある天体としてよく見られるものは、次のうちどれか。

① 散開星団
② 球状星団
③ 暗黒星雲
④ 星が生まれつつある星雲

Question 5

シリウスまでの距離と太陽までの距離は、どのくらいの比になるか。

① 約500倍
② 約5万倍
③ 約50万倍
④ 約5億倍

Question 6

太陽系からオリオン座の方向に1万天文単位ほど行ったとき、見える光景として正しいのはどれか。

① オリオン座が2倍ほどの大きさに見える
② オリオン座の三つ星がシリウスよりも明るく見える
③ オリオン座の形がかなりゆがんで見える
④ オリオン座の見え方はほとんど変わらない

Question 7

大マゼラン雲、小マゼラン雲について正しいものはどれか？

① 太陽系の周囲を回っている太陽系くらいの大きさの雲である
② 天の川銀河の近くにある小型の銀河である
③ 天の川銀河の中にある星雲である
④ アンドロメダ銀河の近くにある小型の銀河である

Question 8

星間空間に浮かぶ塵が濃く集まったために背景の星を隠している領域を何というか。

① 暗黒星雲
② 暗闇星雲
③ ダークサイド
④ オールトの雲

Question 9

次の＿＿＿＿に入る星の名前はどれか。
「太陽系から近い1等星は順に、ケンタウルス座アルファ星（α Cen）、シリウス（α CMa）、＿＿＿＿である。」

① ベガ（α Lyr）
② アルタイル（α Aql）
③ カノープス（α Car）
④ プロキオン（α CMi）

Question 10

太陽と地球の平均距離をもとにした単位を何というか。

① パーセク
② 光年
③ 天文単位
④ 太陽定数

Answer 1

② A:2.6万光年 B:10万光年 C:15万光年 D:1.5万光年

天の川銀河の大きさについては、常に研究が続けられており、さまざまな値が提案されている。最近ではGAIAという人工衛星により、太陽系近傍の恒星の距離がより正確に求められている。

Answer 2

④ 天の川銀河が宇宙全体ではない

20世紀初頭まで、天の川銀河が宇宙全体なのか、そうでないのかの議論が続いていた。エドウィン・ハッブルがアンドロメダ銀河の中の脈動変光星を観測し、知られていた変光周期と光度の関係と、天の川銀河の大きさの情報から、アンドロメダ銀河が天の川銀河の外にある、別の同等の存在であることを見出した。ここに、天の川銀河が宇宙全体ではないことが判明したのである。

Answer 3

② 重力波

重力波とは光速で伝わる時空のさざ波のことで、1916年にアインシュタインが発表した一般相対性理論から予言されていた。そもそも、観測できるほどの大きな振幅の重力波を発生させるには、高密度で非常に大きな質量の物体が加速度運動する必要があり、それでもその信号は非常に弱いため検出に困難を極めていた。しかし、2015年にアメリカの重力波検出器LIGOがブラックホールの合体から発生する重力波の直接検出に成功した。❶重力レンズは天体からの光が途中の銀河や銀河団の重力場によって曲げられる現象、❸重力赤方偏移は重力の強い領域からの電磁波の波長が長くなる現象、❹重力収縮は自己重力によって天体が収縮する現象のことである。

Answer 4

② 球状星団

❶❸❹は円盤部でよく見られるもので、地球からは天の川に沿ってよく見られる。

Answer 5

③ 約50万倍

太陽まで光で500秒、シリウスまで光で8.6年。そこから計算すれば、求めるべき比は約50万とわかる。シリウスは太陽より20倍以上明るく光っているはずだが、このように遠方にあるため、シリウスが夜空に出ても、昼になりようがない。

Answer 6

④ オリオン座の見え方はほとんど変わらない

星座の星々は、惑星と比べて、途方もなく遠くにあり、1万天文単位（約0.16光年）移動したぐらいでは見え方は変化しない。ちなみに、オリオン座のベテルギウスまでの距離は約500光年、リゲルは約860光年、三つ星は右（西）から約700光年、約2000光年、約700光年である。なお、星までの距離を正確に測るのは非常に難しく、文献によって値が違っていることがある。

Answer 7

② 天の川銀河の近くにある小型の銀河である

他にも、多数の小型の銀河が天の川銀河の近くにあり、一部は天の川銀河に飲み込まれつつあることもわかっている。なお、大マゼラン雲も小マゼラン雲も、天の南極の近くにあり、日本からは見ることができない。

Answer 8

① 暗黒星雲

塵がたくさん集まった部分は背後の星の光を遮ってしまうため、黒く見えるので暗黒星雲という。暗黒星雲はガスや塵などが集まったもので、ここから星が生まれていく。暗黒星雲は宇宙にある星の材料の雲ということである。なお、暗黒星雲は電波で観測すると光って見える。

Answer 9

④ プロキオン（α CMi）

ケンタウルス座α星は4.4光年（2022年版『理科年表』では4.3光年）、シリウスは8.6光年、プロキオンは11.5光年である。ちなみにベガ、アルタイル、カノープスまでの距離はそれぞれ、25光年、17光年、309光年となっている。

Answer 10

③ 天文単位

太陽と地球の平均距離を1天文単位と呼ぶ。1天文単位の長さは1億4960万kmである。ちなみに、1パーセクは1天文単位が1秒角に見える距離で、3.26光年である。1光年は光が1年かかって進む距離（9兆4600億km）である。なお、太陽定数は太陽から1天文単位（つまり地球の公転軌道上）で太陽から受け取るエネルギー量である。

7章

TEXTBOOK FOR ASTRONOMY-SPACE TEST

～天文学の歴史～

★ もっと遠くをみたい

望遠鏡の発明から約 400 年、天文・宇宙観測技術はめ
ざましい発展を続けている。近年では宇宙からの観測
もおこなわれており、可視光だけでなく、電波、赤外線、
紫外線、X 線、γ 線などが用いられている。

ナンシー・グレース・ローマン宇宙望遠鏡

2020 年代半ばの打ち上げを目指し、日本を含む国際協力で進め
られている NASA の広視野赤外線宇宙望遠鏡計画。その名前は
「ハッブル（宇宙望遠鏡）の母」と呼ばれた女性科学者に由来する。
©NASA

ガリレオ・ガリレイが 1609 年
に自作した屈折望遠鏡（左）。
彼は、月のクレーター、金星の
満ち欠け、土星の耳（環とは認
識できなかった）、木星の 4 つ
の衛星などを発見した。
©AKG/PPS 通信社

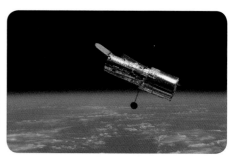

ハッブル宇宙望遠鏡

1990 年に NASA が打ち上げた宇宙望
遠鏡。天候や地球の大気の影響を受
けず、地上からでは困難な高精度かつ
高解像度の天体観測が可能となった。
©NASA

● アルマ望遠鏡がとらえた 20 の惑星誕生現場（画像）
©ALMA（ESO/NAOJ/NRAO）, S. Andrews et al.；NRAO/
AUI/NSF, S. Dagnello

イベント・ホライズン・テレスコープで撮影された
銀河 M87 中心のブラックホールシャドウ（画像）
©EHT collaboration

Gaia 衛星

2013 年に欧州宇宙機関が打ち上げた衛星。恒星の視差を正確に測定することによって距離を測定した「ヒッパルコス衛星」の後継機として活躍している。ヒッパルコス衛星では約 12 万個の天体の位置を観測したが、Gaia 衛星ではヒッパルコス衛星を凌ぐ 10 億個の天体を、200 倍の精度（欧州宇宙機関の公開値）で観測をおこなっている。
©ESA/ATG medialab; background: ESO/S. Brunier

ジェイムズ・ウェッブ宇宙望遠鏡（JWST）

スペースシャトルの運用が終了し、ハッブル宇宙望遠鏡のメンテナンスができなくなった今、次世代機として運用されているのがジェイムズ・ウェッブ宇宙望遠鏡（James Webb Space Telescope：略称 JWST）だ。分割鏡で構成される主鏡の口径は 6.5m あり、集光力はハッブル宇宙望遠鏡の 6.25 倍になる。2021 年に打ち上げられ、望遠鏡と観測機器の調整がおこなわれた後、2022 年 7 月に最初の観測データが公開された。
©NASA/Desiree Stover

すばる望遠鏡

日本の国立天文台の大型光学赤外線望遠鏡。標高 4200m のハワイ島マウナケア山頂にある。世界最大級の直径 8.2 m の主鏡をもつ反射望遠鏡である。
© 国立天文台

30 メートル望遠鏡

30 メートル望遠鏡（Thirty Meter Telescop：略称 TMT）は、2027 年稼働開始を目指して、マウナケア山に建設計画を進めている口径 30m の光学赤外線・次世代超大型天体望遠鏡。画像はコンピュータグラフィックによる完成予想図。
© 国立天文台 TMT プロジェクト /4D2U プロジェクト

アルマ望遠鏡

2001 年に始動した日米欧による国際共同プロジェクト「アルマ計画」。2013 年 3 月 13 日に開所式が挙行され、本格的に観測がなされている。アルマ望遠鏡は、パラボラアンテナ 66 台を組み合わせた世界最高の感度と分解能をもつ干渉計（☞用語集）方式の巨大電波望遠鏡だ。可視光では何もないように見える宇宙にも冷たい塵やガスが存在する。電波望遠鏡は、それらが発する微弱な電波の一種、ミリ波やサブミリ波をとらえることができる。この観測によって、宇宙が誕生して間もない頃の銀河が生まれるところや、惑星の誕生する場面、生命に関連した有機分子などの物質発見の成果が期待されている。
© 国立天文台

7 章

天文学の歴史

101

7章

1節 暦の成り立ちと歩み

ポイント 各地から桜の満開の便りが届き始める4月、真新しいランドセルを背負った新1年生が、期待と不安を胸に新年度を迎える。暦（カレンダー）は文明とともに誕生し、様々な改良が加えられ、現行の暦へと発展した。ここではその歩みをたどることにしよう。

プラスワン

▶ 世界の暦

シリウス（ソティス）暦：「エジプトはナイルの賜」という言葉が示す通り、ナイル川の氾濫がもたらす肥沃な土壌のおかげで、古代エジプトの壮大な文明が築かれた。古代エジプト人は、ソティス星（おおいぬ座α星シリウス）が日の出直前に東の空に昇ってくる時期に、ナイル川が氾濫することに着目し、最古の太陽暦といわれるシリウス（ソティス）暦を作成した。後にエジプト人は、1年を365日とし、30日間の一月が12カ月と5日の余日からなる民衆暦（太陽暦）も作成している。

シリウス（ソティス）：古代エジプトのセプデト（イシス女神の化身）

① 暦の誕生

　人類は狩猟・採集生活をしていた時代、どの季節にどのような植物が果実をつけるのか、獲物となる動物がいつ頃、移動してくるのか、そうした情報を蓄積していき、長老たちから次の世代の者たちへと語り継いでいったと考えられる。こうした自然の移り変わりに基づく暦を自然暦という。また、彼らは日の出や日の入りの方角が季節とともに変化していくことも認識していたであろう。そして、季節を詳しく知るために、多くの民族では月の満ち欠けの周期、約30日間を一月とし、およそ12カ月間を1年とする暦が作成された。

　月の満ち欠けを基準とした**太陰暦**は、潮の干満と密接な関係があるため、漁労を生業とする人たちにとっては、日々の生活と関わりの深いものであった。それに対して、太陽の年周運動（＝地球の公転）を基準とした**太陽暦**は季節の変化に対応しているため、農耕民にとっては、種まきや収穫の時期を知ることができるという点で非常に有用なものであった。

② 文明・国家の誕生と暦の変化

　農耕と漁労の両方の民をかかえる国家では、それぞれの民の生活に合うように、太陰暦に太陽暦の1年の概念を取り入れた太陰太陽暦が作成されるのは自然な流れであった。太陰暦の1年は29.5日×12＝354日と1太陽年に比べて11日ほど短く、その差は3年でほぼ1カ月に達する。その1カ月を閏月として1年を13カ月にすることで、ずれを補正するのが太陰太陽暦であり、平均的な1年の長さは1太陽年に近い値になる。その後、商業が発達し、契約という制度において国家間に共通する日付が求められるようになると、暦と季節を一致させるために特殊な技法を

必要とする太陰太陽暦から、より単純な太陽暦へと暦は一本化されていくことになる。

③ 現行の暦

　現在、世界の多くの国々で、グレゴリオ暦という太陽暦が採用されている。グレゴリオ暦は1582年10月、ローマ教皇グレゴリオ13世によって施行されたものである。この暦では、4で割り切れる西暦年を閏年とし、閏日（2月29日）を挿入する。ただし、100で割り切れる年は平年とするが、400で割り切れる年は閏年とする。日本では明治5年（1872年）12月3日を明治6年（1873年）1月1日として、それまで用いられてきた天保暦（太陰太陽暦）から太陽暦へと改暦がおこなわれた。

	英語名	意味		英語名	意味
1月	January	時の神ヤヌス	7月	July	ユリウス・カエサル
2月	February	死の女神フェブルアリウス	8月	August	アウグストゥス
3月	March	戦いの神マルス	9月	September	7番目の月
4月	April	美の女神アフロディテ	10月	October	8番目の月
5月	May	豊饒の神マイア	11月	November	9番目の月
6月	June	女性の守護神ユノー	12月	December	10番目の月

図表 7-1　月の名の由来

　現在、日本では月の名称を、1月、2月という順序数で表している。それに対して、欧米の月の名称は、古代ローマ帝国の暦にその起源があり、様々な変遷を経て、確立されたものである。まず、1月から6月までは古代ギリシャ・ローマ神話の神々の名前が付けられた。次に、7月から12月（図表7-1の9月から12月）まではローマ帝国の公用語であったラテン語の5番目から10番目の月という順序数で名付けられた。現在の月と2つだけ数が異なっているのは、当時の暦では1年の始まりの月が現在の3月だったためである。

　その後、7月は紀元前46年にユリウス・カエサルがユリウス暦を制定した際に、ユリウスにちなんだ名称に変更された。また、この改暦で1年の始まりの月が、現在の1月へと変更された。さらに8月も初代ローマ皇帝アウグストゥスがユリウス暦の閏年の置き方を改正したことを記念して、自らの名前にちなんだ名称へと改称された。なお、2月が28日と他の月に比べて短いのは、アウグストゥスが、8月の名称を変更した際、30日間の小の月であった8月を31日間の大の月にするために、2月29日を8月へ移動させたからである。

マヤ文明の暦：中米のマヤ人は1年を365日とし、20日間の月が18カ月と5日の余日からなるハアブ暦（太陽暦）を使用していた。また、20種類の日の名称と1～13の数字を組み合わせた260日からなるツォルキン暦を作成し、ハアブ暦と組み合わせたカレンダーラウンドと呼ばれる52年の周期も用いていた。その他にも金星の会合周期を基礎とした金星暦や、重要な出来事の正確な日付を記録するために、基準日から経過した日数を示す長期暦など、様々な暦を作成していた。

▶ 大の月、小の月

「西向く士小の月」という月の日数の覚え方をご存知の方もいるだろう。新月から次の新月までの日数を朔望月という。朔望月の平均日数は29.5306日であるため、一月が29日の小の月と、30日の大の月とを交互に配置することで、各月の第1日を新月の日とする太陰暦が考案された。それに対して太陽暦では各月の第1日が新月である必要はないため、カエサルおよびアウグストゥスが定めた各月の日数を現在へと引き継いでおり、一月の日数が28～30日の小の月と31日の大の月とが混在している。

2節 時間と時刻の決め方

ポイント 現代人は時計が刻む時刻に従って、日々の生活を送っている。インターネットを使って世界中の人々と情報交換ができるのも、カーナビゲーションが使えるのも、世界共通の暦と高精度の時刻システムのおかげである。このようにわれわれの生活に欠かすことのできない時刻制度や時計は、どのようにしてできてきたのだろうか。

プラスワン

1日と時刻

日本では中世の頃から明治の初めまで、夜明け（日の出直前）から日暮れ（日の入り直後）までの時間を六等分して昼の時刻とし、日暮れから夜明けまでの時間を六等分して夜の時刻とする不定時法が用いられていた。そのため、一刻（六等分された時間間隔）の長さは、季節によって異なっていた。明治6年（1873年）に太陰太陽暦から太陽暦へと改暦されると、1日を24時間に等分した定時法という時刻制度が導入された。

江戸時代の和時計：万年自鳴鐘は、田中久重が製作したもので、不定時法に合わせて、季節の変化とともに一刻の長さを自動的に調整する機構を備えている。国指定重要文化財「万年自鳴鐘」。国立科学博物館常設展示（株式会社東芝寄託）。

① 古代人の時計

今が1日のうちのどのあたりなのかを知るために、人類は太陽や星の日周運動を利用した。これは地球の自転を時計として用いることを意味している。石器時代の人々は、環状列石という一種の日時計を使っていたと考えられている。イギリスのストーンヘンジの遺跡は、石の配列が夏至の日の出の方向や冬至の日の入りの方向を指しているといわれている。

時代が下ると、曇りや雨の日にも時刻を知ることができる漏刻などの水時計が考案された。日本では、天智天皇10年（671年）4月25日に、「漏刻を設置し、鐘鼓を用いて時を知らせた」ことが『日本書紀』に記されている。この故事にちなみ、4月25日に当たる現行暦の6月10日は「時の記念日」に制定されている。

図表7-2　ストーンヘンジ（ウィキペディア）

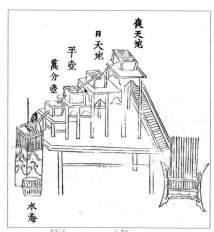

図表7-3　漏刻（『初学天文指南』より）

② 機械仕掛けの時計

14世紀に、西洋では錘を動力源とする機械式重錘時計が考案され、庁舎などに時計塔が設置された。そして、時刻を知らせる時計塔の鐘の音

は市民の生活の基準となった。17世紀には、クリスティアーン・ホイヘンスが、振り子やゼンマイ天符の周期運動を利用した、より精度の高い機械式時計を発明した。

久能山東照宮博物館には、1611年にスペイン国王から徳川家康へと贈られた『洋時計』が保存されている。これは現存する日本最古のゼンマイ式時打付時計である。

③ 時刻の国家管理

近代国家において、時刻の管理は重要な仕事であった。また船舶が安全に航行するためには、正確な地図と天体観測による位置情報（緯度：星の南中高度、経度：正確な時刻）が必要不可欠であった。そのため、各国では独自の本初子午線（経度原点）を定めて、時刻を決定していた。

図表7-4 旧グリニッジ天文台を通る本初子午線

1884年、それまで国ごとに決められていた子午線を統一するため、国際子午線会議が開催された。この会議で、地球上の経度・時刻の基準となる本初子午線として、グリニッジ天文台の子午儀の中点を通るものが採択された。この決定に従い、日本では明石を通る東経135°の子午線を中央子午線とし、グリニッジとの時差9時間の日本標準時が定められた。

④ 現代の時刻制度

1969年12月、（株）諏訪精工舎（現セイコーエプソン（株））は、世界初の水晶腕時計クオーツアストロンを開発した。水晶時計の圧倒的な時刻精度によって、世界の時計製造は機械式から水晶式へと大きく変革されることになった。

現代の時刻（国際原子時）は1960年の国際度量衡総会で採択された国際単位系（SI）に基づき、原子時計によって測定・保時されている。

地球の自転周期はごくわずかずつ変化しており、平均太陽時と国際原子時とのずれを調整するために閏秒が加えられたり、引かれたりすることがある。しかし、2022年11月の国際度量衡総会で閏秒は2035年までに実質的に廃止されることが決議された。

図表7-5 アメリカ国立標準技術研究所が開発したチップサイズ原子時計(ウィキペディア)

クロノメータ（航海用精密時計）

18世紀に入り、西欧列強は植民地経営に力を注ぐようになった。その前に立ちはだかったのが、船舶の海難事故であった。1714年に英国議会は船上という過酷な条件下でも、正確な時を刻む航海用時計を開発した者に2万ポンドの懸賞金を出すことを議決し、クロノメータを開発したハリソンが賞金を獲得した。なお、クロノメータとは、スイスクロノメータ検定協会がおこなう精度試験に合格した高精度な時計を意味しているが、特に天文学の分野では、船上において経度測定に用いる精度の高い時計のことを指している。

航海用精密時計クロノメータ（上）と天体の高度を測定し、航海に用いられた六分儀（下）

● 世界標準時と日本標準時の関係

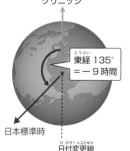

グリニッジ

東経135°＝ー9時間

日本標準時

日付変更線

7章
3節 天動説から地動説へ

ポイント　古代人は太陽や月、星々が大地の周りを回転しているように見えることから、地球は宇宙の中心にあると考えた。プトレマイオスは、惑星の複雑な動きを説明できる天動説を完成した。コペルニクスは、太陽と地球の動きを相対化して地動説を提唱した。地動説は、近代天文学発展の大きなきっかけとなった。

プラスワン

相対運動

高速自動車道を時速80kmの自動車Aと時速100kmの自動車Bが東から西へ向かって並走しているとき、Aの運転手にはBが時速20kmで西に進んでいるように見える。逆にBの運転手から見ると、自動車Aは時速20kmで東に進んでいるように見える。ニコラウス・コペルニクスは天体が東から西へと動いていく日周運動は、地球が西から東へ自転していると考えることで説明できると確信した。そして、この相対運動の考え方を発展させ、惑星の運動へと応用して完成させたのが、地動説である。その後、相対運動の考え方はガリレオの運動学へと受け継がれた。

プラスワン

地動説と太陽中心説

日本では地球が太陽のまわりを公転しているということで地動説という用語が一般的である。それに対して、欧米では、英語のheliocentricism（太陽中心説）のように、太陽と地球のどちらが中心にあるのかに力点を置いた用語が一般的であり、地動説を学問の世界では使うべきではないとする研究者もいる。

① 古代ギリシャの天文学

　古代ギリシャのアリストテレス（BC384～322）は、大地が球体であることを唱え、地球を全宇宙の最も低い場所である中心に据えつけた。また彼は、「月より上は月より下とは異なる永久不変な世界」と考えていた。アリスタルコス（BC320頃～BC250頃）は太陽と地球、月の大きさを推定し、大きな太陽の周りを小さな地球が回っているはずとして地動説（太陽中心説）を唱えた。

　ヒッパルコス（BC190～BC120頃）は40年間に及ぶ精密な天体観測をおこない、恒星の明るさを1～6等に分類した光度等級（☞2級テキスト4章1節）の定義、離心円と導円、周転円を用いた太陽の運動論（天動説）など、数多くの業績を残した。

　その後、ギリシャ天文学はローマ帝国支配下となったアレクサンドリアで受け継がれた。プトレマイオス（85～165）は、ヒッパルコスが用いた理論に独自の工夫を加え、惑星の運動を精度よく記述できる天動説（地球中心説）を完成させ、『アルマゲスト』にまとめ上げた。

　ゲルマン民族の侵入によって西ローマ帝国が滅亡すると、ヨーロッパは科学不毛の中世に入った（4～16世紀頃）。その間、ギリシャ天文学

図表7-6 アリストテレス（左）、ヒッパルコス（中）、プトレマイオス（右）

はイスラム文化圏において継承され（8～9世紀頃）、ルネッサンス期（14〜16世紀頃）に再びヨーロッパへと移入された。

② ルネッサンスの人間と科学の復興

天体観測の精度が高まるにつれて、天動説には周転円の上に周転円を重ねるという修正が加えられ、非常に複雑な構造となっていた。

ニコラウス・コペルニクス（1473～1543）

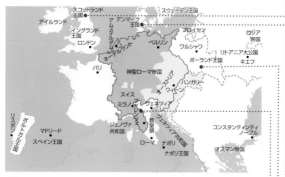

図表 7-7　近世ヨーロッパと天文学者

は、天動説では火星と太陽の軌道が交差することから、アリスタルコスの理論を検討し、地動説を形成した。コペルニクスの説をまとめた『天球回転論』は、彼が亡くなる年に出版された。

ティコ・ブラーエ（1546～1601）は1572年に出現した超新星、そして1577年に現れた彗星を観測し、それらが月よりも遠い場所で起こった現象であることを明らかにした。また、ティコは1576年にフベン島（現ベン島）に天文台を建設し、約20年にわたる精度の高い眼視観測の記録を残した。

ヨハネス・ケプラー（1571～1630）は、ティコの残した火星の観測記録を解析し、火星は太陽を焦点とする楕円軌道上を運動していることを導き出し、ケプラーの三法則（☞ 2級テキスト3章2節）を確立した。

ガリレオ・ガリレイ（1564～1642）は天体望遠鏡を用いて、月のクレーター、木星の衛星、太陽黒点、金星の満ち欠けなどを発見をした。これらに加え、潮の干満の原因に関する考察からガリレオは地動説を確信するようになった。

アイザック・ニュートン（1642～1727）は、惑星が太陽からの距離の2乗に反比例する力（万有引力）を受けて運動していると考えれば、ケプラーの三法則はすべて説明できることを示した。ニュートンの研究成果は1687年に『プリンキピア』として発表され、これにより近代物理学や近代天文学への端緒が切り開かれることになった。

アイザック・ニュートン
力学、光学、微積分学の各分野において多大な功績を残したニュートンは、錬金術の研究にも多くの時間を費やしていたことから、最後の錬金術師と呼ばれることがある。彼が反射望遠鏡を製作できたのは、錬金術の研究から金属鏡を製作するために必要となる金属鋳造の技術を習得していたからと考えられている。

ティコ・ブラーエ

ニコラス・コペルニクス

ガリレオ・ガリレイ

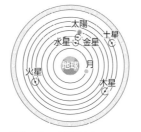

図表 7-8　天動説図（左）と地動説図（右）。天動説では惑星の不規則な運動を説明するために、円軌道の上にいくつもの円軌道（周転円）を重ね合わせて観測に合致させる必要があった。一方、コペルニクスが提唱した地動説でも惑星を円軌道としていたため、周転円を用いる必要があった。地動説から周転円が取り除かれるのは、ケプラーが惑星は楕円軌道を描くことを明らかにしてからである。

7章

4節 望遠鏡を発明したのは誰か

ポイント 長い天文学の歴史の中で、望遠鏡が登場してからまだ400年ほどしか経っていない。望遠鏡が発明される以前の眼視観測で認識できたのは太陽系の姿までであった。望遠鏡の口径が大きくなるとともに、より遠くを見ることができるようになり、現在では、宇宙の始まりの姿をも視野に捉えられるところまできている。

プラスワン

初めて望遠鏡を覗いた日本人？
1613年8月3日、イギリス東インド会社船隊司令官ジョン・セーリスが、国王ジェームズ1世の親書と洋弓、鉄炮、靉靆（望遠鏡）などの献上品を携えて、駿府城の大御所徳川家康（1543～1616）に謁見したことが、『駿府記』に記されている。記述から、献上された望遠鏡は、長さ一間（約1.8m）で、六里（約24km）先のものを見ることができたことがわかる。おそらく、家康はその望遠鏡を用いて、駿府城の天守閣から城下のようすや富士山を眺めたことだろう。これは望遠鏡が発明されてからわずか5年後のことである。当時、ヨーロッパの貿易船がアフリカの喜望峰を経て、日本に来航するまでには2年を要することも珍しくなかったという点を考慮すると、望遠鏡は極めて短期間に日本へ伝えられたといえるだろう。

① 望遠鏡の発明

ある日、オランダの眼鏡職人リッペルヘイの店に謎の客が訪れ、何種類かの眼鏡レンズを注文した。後日、商品を受け取りに来たその客は、凸レンズと凹レンズとの一組を選んで間隔を加減しながら覗き、だまって代金を支払って去っていった。リッペルヘイは客と同じように試したところ、遠くの景色が近くに見えることを発見した。そして、彼は2枚のレンズを1本の筒にはめこんだ望遠鏡を製作し、1608年10月に国会に特許を申請した。しかし、似たような器具を製作した人物が他にもいる、という理由で特許は認められなかった。現在では、望遠鏡はほぼ同時期に複数の人物によって発明されたと考えられている。

② 望遠鏡による発見は出世の種！

オランダで望遠鏡が発明されたといううわさを耳にしたガリレオは1609年に、対物レンズに凸レンズ、接眼レンズに凹レンズを用いた倍率3倍程度の**ガリレオ式望遠鏡**を試作した。その後、改良を加え、20倍の望遠鏡を完成させたガリレオは、月のクレーター、木星のガリレオ衛星、天の川が無数の星の集団からなることなどを発見し、それらを『星界の報告』（1610年）で発表した。その献辞でガリレオは、新発見した木星の衛星を、トスカナ大公コジモ・デ・メディチ2世一族を称える「メディチ星」と命名し、メディチ家へ献上することを記している。こうしたことが縁となって、彼はピサ大学教授兼トスカナ大公付哲学者兼数学者に就任することになった。

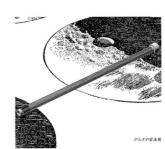

図表7-9 ガリレオ式屈折望遠鏡（復元CG）

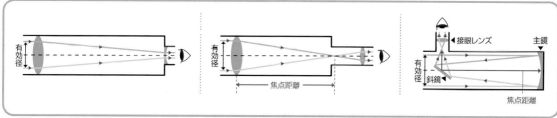

図表7-10 ガリレオ式屈折望遠鏡（左）、ケプラー式屈折望遠鏡（中）、ニュートン式反射望遠鏡（右）。口径（有効径）：屈折望遠鏡の対物レンズや反射望遠鏡の主鏡の直径。焦点距離：対物レンズや主鏡の中心（主点）からそれぞれの焦点までの距離。集光力：対物レンズや主鏡の有効径が肉眼に対して、どれくらい光を集めることができるかを示した数値。対物レンズや主鏡の有効径の面積を人間の瞳孔（直径約7mm）の面積で割った値で表される。分解能：見分けることができる2点間の最小距離を視角（2点と視点とを結ぶ二直線の間の角度）で表したもの。倍率：対物レンズや主鏡の焦点距離を接眼レンズの焦点距離で割った値。

ヨハネス・ケプラーはガリレオ式望遠鏡の接眼レンズを凹レンズから凸レンズへ変更したケプラー式望遠鏡を考案した。正立像が得られるガリレオ式とは異なり、ケプラー式は倒立像となるが、広視野かつ、高倍率を得られるため、天体望遠鏡としてはガリレオ式より優れている。

1668年にアイザック・ニュートン（1642～1727）は、屈折望遠鏡で生じる色のにじみを避けるため、凹面鏡を用いたニュートン式反射望遠鏡の1号機を製作した。そして、1672年、新方式の望遠鏡を発明した業績が認められ、王立協会会員に選出された。

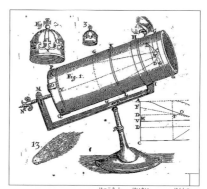

図表7-11 王立協会発行誌に掲載された反射望遠鏡記事の図

イギリスの宮廷音楽家ウィリアム・ハーシェル（1738～1822）は、妹カロラインの協力のもと、天文学の研究に取り組み、1781年に天王星を発見した。その功績が認められ、翌年に王室天文官兼王立天文協会会員に選ばれた。ハーシェルは、「恒星の光度はすべて同じであり、恒星の見かけの等級はその恒星までの距離によって決まる」という仮定のもと、恒星の空間分布を定め、「ハーシェルの宇宙」と呼ばれる太陽を中心とした天の川銀河の概念を提唱した。

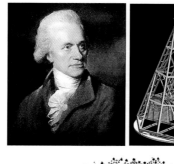

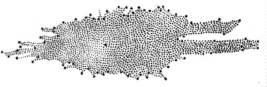

図表7-12 ウィリアム・ハーシェル（上左）と望遠鏡の復元CG（上右）。ハーシェルの天の川銀河モデル（下）の中心の大きな点が太陽である。

▶ 黒点観測のはじまり

国友藤兵衛は1年2ヵ月にわたって太陽の観測をおこない、黒点数の増減を詳細に記録している。この観測記録は、同時代に黒点が約11年の周期で増減することを発見したドイツの天文学者ハインリッヒ・シュワーベの観測に匹敵する科学的業績といえる。

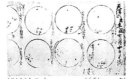

国友藤兵衛の太陽の黒点連続観測スケッチ（提供：長浜城歴史博物館）

▶ 月のスケッチ

現存する日本で最も古い望遠鏡を用いた月面のスケッチは、麻田剛立（1734〜1799）が描いたものである。豊後国（現在の大分県）杵築藩の藩医であった剛立は、天文暦学の研究を続けるために脱藩し、大坂で医師として生計を立てながら研究を続け、オランダから輸入された反射望遠鏡を用いて月を観察した。彼はこのときのスケッチでクレーターを「池」と記している。さらに剛立は先事館という天文暦学の塾を開き、寛政改暦を成し遂げた高橋至時や間重富をはじめ、優秀な弟子を育成した。また、日本全国を歩いて測量し、精密な日本地図を作成した伊能忠敬は高橋至時の弟子であり、剛立の孫弟子にあたる。

天文博士 安倍晴明
（921〜1005）

▶▶▶ 江戸城内に天文台

八代将軍　徳川吉宗（在位期間1716〜1745年）は、幕府の財政再建と行政改革のために享保の改革を断行し、西洋の書物のうち、漢文に翻訳され、中国で出版された暦学や天文学、医学などの実用的なものの輸入制限を緩和した。天文学に興味をもっていた吉宗は江戸城内に天文台を築き、長崎の御用目鏡師森仁左衛門正勝に製作させた口径9.1cm、長さ3.4mの大屈折望遠鏡を用いて、彗星を観測したことが記録に残されている。

▶▶▶ 占星術と天文学

洋の東西を問わず、占星術の根底には「人の運命は神や天の支配者の意思により天空に顕れる」という考え方があった。古代国家の支配者にとって、神や天の支配者の意思を知るという占いは政治をおこなううえで極めて重要なことであった。日本の天文道では「天子の命運は天変にあり」という思想に基づいて、天文博士が天空を監視し、何かの異変があれば、それを記録し、過去の記録と照らし合わせて異変の意味を解釈して、天皇に上奏する天文密奏をおこなった。

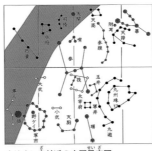

オリオン座付近の中国星座図
（渋川晴海の『天文成象』より）

ガリレオやケプラーのような王侯貴族専属の天文学者はほぼ例外なく、雇い主たちのホロスコープ（占星天宮図）を作成する占星術師でもあった。たとえば、ガリレオはトスカナ大公妃クリスチーナの依頼で、大公フェルディナンド1世のホロスコープを新しく作成しており、また、ケプラーも80年戦争の英雄ヴァレンシュタイン司令官のためのホロスコープを作成するなど、占星術で収入を得ていたことが知られている。

上図右はケプラーが1608年に作成したヴァレンシュタインのホロスコープである。

Question 1

次のうち、天体の高度を測定し、航海に用いられた道具はどれか。

1. クロノメータ
2. 羅針盤
3. ジャイロスコープ
4. 六分儀

Question 2

凹面鏡を用いて色にじみの生じないように工夫された望遠鏡を初めて製作したのは誰か。

1. ニュートン
2. ヒッパルコス
3. コペルニクス
4. プトレマイオス

Question 3

一般的に言われる旧暦とは、どの暦のことか。

1. 太陽暦
2. 太陰太陽暦
3. 太陰暦
4. グレゴリオ暦

Question 4

次の西暦年のうち、閏年でないものはどれか。

1. 2000年
2. 2020年
3. 2100年
4. 2120年

Question 5

江戸時代の日本の時刻について述べた以下の文のうち、間違っているものはどれか。

1. 満月が真南に来る時刻は季節によらず、ほぼ同じ
2. 日の出の時刻は季節によらず、ほぼ同じ
3. 太陽が真南の空に来る時刻は季節によらず、ほぼ同じ
4. 日の入りの時刻は季節によって変化する

Question 6

江戸時代に望遠鏡を製造していた人として間違っているのはどれか？

1. 長崎の眼鏡職人、森仁左衛門
2. 近江（滋賀）の鉄砲鍛冶、国友藤兵衛
3. 佐原（千葉）の天文学者、伊能忠敬
4. 泉州（大阪）の眼鏡職人、岩橋善兵衛

Question 7

対物側に凸レンズ、接眼側に凹レンズを使ったものを何式望遠鏡と呼ぶか。

1. ガリレオ式
2. ケプラー式
3. ニュートン式
4. カセグレン式

Question 8

『天球の回転について』を著したのはだれか。

1. プトレマイオス
2. コペルニクス
3. ガリレオ
4. ニュートン

Question 9

2021年に打ち上げられたハッブル宇宙望遠鏡の後継機の略称はどれか。

1. TMT
2. GAIA
3. ALMA
4. JWST

Question 10

古代ギリシャのヒッパルコスが、40年間に及ぶ精密な天体観測から導き出したものとして正しいものはどれか。

1. 地動説
2. 光度等級
3. 木星の衛星
4. 万有引力

Answer 1

❹ 六分儀

当時は六分儀などで天体の高度を測定したり、クロノメータで経度差を測定したりして、地球上での緯度・経度を算出しながら、航海をすることがあった。

Answer 2

❶ ニュートン

レンズの代わりに凹面鏡で集光する望遠鏡を反射望遠鏡という。ニュートンは、1668年に反射望遠鏡を製作した。レンズで集光する屈折望遠鏡は色によって屈折の仕方が異なるので色にじみが生じるが、反射望遠鏡では生じない。

Answer 3

❷ 太陰太陽暦

太陰暦は月の満ち欠けを基につくった暦である。しかし朔望周期は約29.54日、これを12倍すると354.48日だから太陰暦では毎年約11日ほど足りない。これに閏月を加えたのが太陰太陽暦で、これが旧暦にあたる。太陽の公転を基にした暦が太陽暦であり、日本では、1872年にグレゴリオ暦に改暦された。

Answer 4

❸ 2100年

4で割り切れる西暦が閏年となるが、さらに100で割り切れる年は、閏年にしない。しかし、400で割り切れるときは閏年となる。

Answer 5

❹ 日の入りの時刻は季節によって変化する

明治5年12月に太陽暦へと改暦されるまで、日本では昼の長さと夜の長さをそれぞれ6等分する不定時法が用いられていた。そのため、夜明け（日の出直前）と日暮れ（日の入り直後）の時刻は季節によらず、いつも同じとなる。なお、現在の定義で日の出、日の入りとは、太陽の上端が地平線に接する時である。また、月は1日に約13°ずつ、東へ移動していく。これらのことから、太陽や月が南中する時刻は、厳密には日の出・月の出と日の入り・月の入りの時刻の中間にはならないので、❶と❸には「ほぼ」を加えている。

Answer 6

❸ 佐原（千葉）の天文学者、伊能忠敬

伊能忠敬は、望遠鏡を使って測量をおこなったが、それは岩橋善兵衛の作ったものを使っていた。

Answer 7

❶ ガリレオ式

ガリレオはこの望遠鏡を製作（1609年）し、金星の満ち欠け、木星の衛星などを発見した。接眼側に凸レンズを使ったものはケプラー式と呼ばれ、ガリレオ式よりも広視野で高倍率にできるが、倒立像となる。ニュートン式、カセグレン式は、光の導き方が異なるが、どちらも鏡を使った望遠鏡である。

Answer 8

❷ コペルニクス

プトレマイオスは『アルマゲスト』、ガリレオは『星界の報告』、ニュートンは『プリンキピア』などを著している。コペルニクスはこの著書の中で、地動説を説いた。

Answer 9

❹ JWST

ジェイムズ・ウェッブ宇宙望遠鏡（JWST：James Webb Space Telescope）は口径が6.5mもあり、ハッブル宇宙望遠鏡の6倍以上の集光力がある。打ち上げは延期が続いていたが、2021年に打ち上げられ、2022年7月にファーストライト（最初の観測画像）が公開された。

Answer 10

❷ 光度等級

ヒッパルコスは、ロードス島で40年間に及ぶ精密な天体観測から、恒星の明るさを1～6等に分類した光度等級を定義した。さらに、地球の歳差運動の発見、太陽の運動論（天動説）など、数多くの業績を残した。

★ おまけコラム ★

不定時法

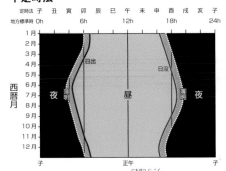

東京での日出、日没時刻

日本では江戸時代まで明かりなしで活動できる日出直前から日没直後までを等分して昼の時刻とし、日没直後から日出直前までを等分して夜の時刻とした。これを不定時法という。上図を見てわかるように、夏の昼の一刻は長く、冬の昼の一刻は短い。正午と真夜中の子の刻は変わらないが、季節によって昼と夜の時間がかなり変化する。

8章

TEXTBOOK FOR ASTRONOMY-SPACE TEST

～そして宇宙へ～

★ 宇宙開発史 ※日付はすべて世界時（UTC）表示

スプートニク１号は直径 58cm の
アルミニウム製。©NASA

年	日付	国	出来事
1957	10/4	ソ連	世界初の人工衛星・**スプートニク１号打ち上げ**
	11/3	ソ連	スプートニク２号にライカ犬を乗せ、打ち上げ
1958	1/31	アメリカ	アメリカ初の人工衛星・エクスプローラー１号打ち上げ
1959	1/4	ソ連	月探査機ルナ１号、月に 6000km まで接近
	10/7	ソ連	月探査機ルナ３号、世界初の月の裏側撮影に成功
1961	2/12	ソ連	初の金星探査機ベネラ１号打ち上げ
	4/12	ソ連	ユーリ・ガガーリンを乗せた**世界初の有人宇宙船ボストーク１号打ち上げ**、地球１周
	5/5	アメリカ	マーキュリー計画により、アル・シェパードを乗せたアメリカ初の有人宇宙船フリーダム打ち上げ。15 分の弾道飛行
	5/25	アメリカ	ケネディー大統領、議会で 60 年代の終わりまでに月に人間を送ることを宣言
1962	8/27	アメリカ	惑星間探査機マリナー２号打ち上げ。金星に３万 km まで接近
1963	6/16	ソ連	世界初の女性宇宙飛行士ワレンチナ・テレシコワを乗せた宇宙船ボストーク６号が打ち上げ。先に打ち上げられたボストーク５号と編隊飛行
1964	7/11	日本	東大宇宙航空研究所が３段ロケット・ラムダ３型１号機打ち上げ。上空 1000km に到達。
	11/28	アメリカ	火星探査機マリナー４号打ち上げ。火星の近接撮影に成功
1965	3/18	ソ連	２人乗りの宇宙船ボスホート２号打ち上げ。アレクセイ・レオーノフ、世界初の宇宙遊泳に成功
	11/16	ソ連	ベネラ３号打ち上げ。世界初、金星に到達
1966	2/3	ソ連	月探査機ルナ９号、世界初の月面軟着陸に成功
	6/2	アメリカ	月探査機サーベイヤー１号、月面軟着陸。カラー写真撮影に成功
1967	1/27	アメリカ	アポロ１号、訓練中に火災発生。NASA 初の関連活動中の死亡事故
	4/23	ソ連	新型宇宙船ソユーズ１号打ち上げ。再突入後の事故で宇宙飛行士ウラジミール・コマロフ死亡
	11/9	アメリカ	**サターンⅤ型ロケットの初飛行。**アポロ４号（無人）打ち上げに成功
1968	9/14	ソ連	月探査機ゾンド５号（無人）打ち上げ。世界初の地球と月の往復に成功
	10/11	アメリカ	アポロ計画最初の有人宇宙船、アポロ７号打ち上げ
	12/21	アメリカ	アポロ８号打ち上げ、世界初有人での地球と月の往復に成功
1969	2/24	アメリカ	火星探査機マリナー６号打ち上げ。火星に 3400km まで接近
	7/20	アメリカ	アポロ 11 号、**世界初の月面着陸に成功。**ニール・アームストロング、バズ・オルドリンによる月面歩行
1970	2/11	日本	東大宇宙航空研究所、**日本初の人工衛星おおすみ打ち上げに成功。**世界で４番目の人工衛星打ち上げ国に
	4/11	アメリカ	アポロ 13 号打ち上げ。酸素タンクの爆発により月面到達に失敗するも無事帰還
1971	4/19	ソ連	世界初の宇宙ステーション、サリュート１号打ち上げ。ソユーズ 10 号とドッキング
1972	3/3	アメリカ	世界初の木星探査機パイオニア 10 号打ち上げ。後に木星の近接撮影に成功
	12/7	アメリカ	アポロ計画最後のアポロ 17 号打ち上げ。計 22 時間５分の月面活動。アポロ計画終了
1973	4/6	アメリカ	惑星探査機パイオニア 11 号打ち上げ。後に木星、土星に接近
	5/14	アメリカ	アメリカ初の宇宙ステーション・スカイラブ１号（無人）打ち上げ
	11/3	アメリカ	惑星探査機マリナー 10 号打ち上げ。後に、世界初の金星、水星の近接撮影に成功
1975	7/15	ソ連＆アメリカ	ソユーズ 19 号打ち上げ。ソ連とアメリカの宇宙船が初のドッキング
	8/20	アメリカ	惑星探査機バイキング１号打ち上げ。1976 年に火星に軟着陸
	9/9	日本	宇宙開発事業団（NASDA）、N-Ⅰ型ロケット初飛行。技術試験衛星きく１号打ち上げ
1977	7/14	日本	宇宙開発事業団（NASDA）、日本初の静止型気象衛星ひまわりをアメリカから打ち上げ
1979	7/9	アメリカ	惑星探査機ボイジャー２号木星探査。衛星イオの火山活動など発見
	12/24	ESA	ESA（欧州宇宙機関）南米ギアナからアリアンロケット初号機打ち上げ成功
1980	11/12	アメリカ	惑星探査機ボイジャー１号土星通過。衛星タイタン撮影
1981	4/12	アメリカ	初のスペースシャトル・コロンビア号打ち上げ成功
1985	1/7	日本	ハレー彗星探査機さきがけ打ち上げ。日本初の人工惑星に
1986	1/28	アメリカ	スペースシャトル・チャレンジャー号、打ち上げ直後に爆発

フロリダのケネディー宇宙センターから打ち上げられるアポロ４号 ©NASA

月面を歩くバズ・オルドリン宇宙飛行士 ©NASA

114

年	月日	国	内容
	2/20	ソ連	宇宙ステーション・ミール打ち上げ
1989	10/18	アメリカ	スペースシャトル・アトランティス号、木星探査機ガリレオを軌道に投入
1990	4/24	アメリカ	スペースシャトル・ディスカバリー号、世界初の宇宙望遠鏡ハッブルを打ち上げ
	12/2	ソ連	ソユーズTM11号打ち上げ、宇宙ステーション・ミールとドッキング。日本人初の宇宙飛行士・秋山豊寛搭乗
1992	9/12	アメリカ	スペースシャトル・エンデバー号打ち上げ。日本人初のペイロードスペシャリスト・毛利衛搭乗
1994	2/4	日本	初の大型国産ロケット・H-Ⅱロケット初号機の打ち上げに成功
	7/8	アメリカ	スペースシャトル・コロンビア号打ち上げ。初の日本人女性宇宙飛行士・向井千秋搭乗
1995	6/27	アメリカ＆ロシア	スペースシャトル・アトランティス号打ち上げ。宇宙ステーション・ミールとドッキング
1998	11/20	アメリカ・ロシア他	国際宇宙ステーション（ISS）建設開始。基本機能モジュール・ザーリャ打ち上げ。
2003	2/1	アメリカ	スペースシャトル・コロンビア号、帰還直前に空中分解
	6/2	ESA	ヨーロッパ初の火星探査機・マーズエクスプレス打ち上げに成功
	10/15	中国	中国初の有人宇宙船・神舟5号、打ち上げ成功。ソ連、アメリカに次いで3カ国目
	12/13	日本	火星探査機のぞみ、火星近傍を通過。火星への周回軌道投入に失敗
2004	6/21	アメリカ	初の民間開発宇宙船・スペースシップワン、宇宙飛行を達成
2005	1/14	アメリカ	土星探査機カッシーニの子機、ホイヘンスが衛星タイタンに着陸
	11/26	日本	小惑星探査機はやぶさ、小惑星イトカワの2度目の土壌サンプル採取に挑戦
2007	11/7	日本	月周回衛星かぐや、ハイビジョンカメラによる映像「地球の出」を撮影
2008	3/11	日本	国際宇宙ステーションの日本実験棟きぼうをスペースシャトル・エンデバー号にて打ち上げ
2009	9/11	日本	宇宙ステーション物資補給機・HTV（こうのとり）がH-ⅡBロケットにより初飛行
2010	6/13	日本	小惑星探査機はやぶさ、小惑星イトカワの粒子を採集したカプセルの地球帰還
	12/7	日本	金星探査機あかつき、金星への周回軌道投入に失敗
2011	8/5	アメリカ	木星探査機ジュノー、打ち上げ
2012	8/6	アメリカ	火星探査ローバー・キュリオシティが火星に着陸
	10/10	アメリカ	スペースX社のドラゴンが、民間開発宇宙船として初めてISSへの物資輸送に成功
2014	11/12	ESA	彗星探査機ロゼッタがチュリュモフ・ゲラシメンコ彗星へ着陸機フィラエを投下
	12/3	日本	小惑星探査機はやぶさ2、H-ⅡAロケットにより打ち上げ成功
2015	3/6	アメリカ	小惑星探査機ドーンがケレスの周回軌道に投入。異なる天体を周回した初の探査機に
	7/14	アメリカ	探査機ニューホライズンズが冥王星系に最接近。
	12/7	日本	金星探査機あかつき、金星への周回軌道再投入に成功。
2016	9/8	アメリカ	小惑星探査機オシリス・レックス打ち上げ。小惑星ベヌーのサンプルリターンを目指す
2017	9/15	アメリカ	土星探査機カッシーニ 20年にわたる土星探査を終了
2018	6/27	日本	はやぶさ2探査機 小惑星リュウグウに到着
	8/12	アメリカ	太陽探査衛星パーカーソーラープローブ打ち上げ
	10/20	ESA・日本	水星探査計画「ベピコロンボ」の探査機（磁気圏探査機「みお」と表面探査機「MPO」打ち上げ成功）
	11/5	アメリカ	ボイジャー2号 太陽圏を脱出
	11/26	アメリカ	火星探査機インサイト 火星着陸に成功（打ち上げは同年5/5）
	12/3	アメリカ	探査機オシリス・レックス 小惑星ベヌーに到着
2019	1/1	アメリカ	探査機ニューホライズンズ 太陽系外縁天体「アロコス」フライバイ探査に成功
	1/3	中国	月探査機「嫦娥4号」が世界初となる月の裏側への軟着陸に成功
	2/22	イスラエル	イスラエルの月探査機「ベレシート」打ち上げ
	12/5	日本	はやぶさ2探査機が地球に帰還
2020	7/19	UAE	アラブ首長国連邦（UAE）の火星探査機「ホープ」打ち上げ
	7/23	中国	中国の火星探査機「天問1号」打ち上げ
	7/30	アメリカ	NASAの火星探査ローバー「パーサヴィアランス」打ち上げ
	11/17	アメリカ	野口総一宇宙飛行士を乗せたスペースX社の有人宇宙船「クルードラゴン」がISSにドッキング成功
2021	2/18	アメリカ	NASAの火星探査ローバー「パーサヴィアランス」火星に着陸
	10/16	アメリカ	小惑星・木星トロヤ群天体のフライバイ探査を目指す「Lucy」打ち上げ
	11/24	アメリカ	初の小惑星衝突実験機「DART」打ち上げ
	12/25	アメリカ	ジェイムズ・ウェッブ宇宙望遠鏡打ち上げ
2022	11/16	アメリカ	月探査計画「アルテミス」の初号機「アルテミス1号」打ち上げ

ボストーク1号に搭乗するユーリ・ガガーリン ©NASA

ヴェルナー・フォン・ブラウン（1912～1977）は、兵器として悪名高いV2ロケットの開発に携わるも、戦後、アメリカとソ連の宇宙開発競争において、アポロ計画を先導していく。
©Science Source/PPS通信社

1節 宇宙を目指して！

ポイント はるかな古代から人類は天界を眺めていた。科学技術が格段に進展した20世紀、人類はついに宇宙へ踏み出した。宇宙開発で想定している宇宙とはどのような場所なのだろうか。宇宙開発はいつから始まったのだろうか。

▶オゾン層☞用語集

プラスワン

宇宙開発コミック
近未来のスペースデブリ屋（スペースデブリ：宇宙空間にさまようゴミのこと）を描いた幸村誠『プラネテス』（漫画／アニメ）や、宇宙飛行士を目指す頑張り屋の少女を描いた柳沼行『ふたつのスピカ』『宇宙兄弟』（漫画／アニメ／映画）など、最近では宇宙開発モノが増えつつある。

▶ **最初のロケット**
宇宙開発の歴史には、ロケットなど飛ぶ道具の開発が切り離せない。世界で最初のロケットには諸説あるが、1200年頃に中国で発明された、火薬を使った「火箭」ともいわれている。もちろん、この時代に宇宙まで飛んだわけではない。

1 宇宙を目指すのは…？

「そこに山があるから」、もとい「そこに宇宙があるから」。宇宙を目指した最初の一歩は、小さなあこがれからだろう。「宇宙」に関しては、まず、あの天体は何なのだろう、どうなっているのだろうか、ということを探る学問としての天文学がある。また同時に、宇宙に行けるのだろうか、どのようにすればあの天体に行けるだろうか、という技術開発としての宇宙開発もある。たとえば、望遠鏡で初めて天体観測をしたガリレオ（☞7章107ページ）は、木星に衛星があることを発見し、天動説

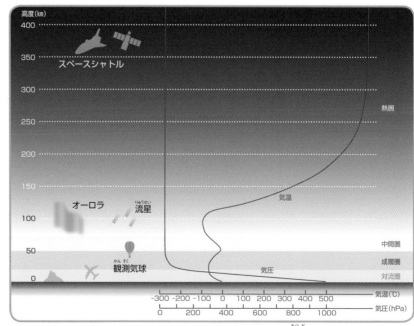

図表 8-1 地上から宇宙までのようす。地上から宇宙空間へ向けて、温度や密度などは連続的に変化しているので、地球大気と宇宙空間の明瞭な境目があるわけではない。そこで、便宜上、100kmより上空を宇宙空間と定めている。大気圏はその特徴から、熱圏、中間圏、成層圏、対流圏に分類される。

から地動説への流れをつくり、学問としての天文学の土台をつくった。一方、映画『2001年宇宙の旅』やアニメ『機動戦士ガンダム』などは、宇宙開発を刺激・促進した可能性があるかもしれない。

② 宇宙ってどんなところ?

地上を離れて上空に上がっていくと、空気がだんだんと薄くなる。地表から宇宙空間までは連続的であり、ここからが宇宙という境目は実際にはない。しかし地球の大気は高度10kmあたりで急激に薄くなり、一般的には高度100kmを超えると、そこは「宇宙」の世界だ。

宇宙空間を一言で表すと、**真空**と**無重力**だ。宇宙空間は、暑くて寒く、大量の放射線（宇宙線）を浴びる、生き物にとっては過酷な環境である。太陽の光が当たる日なたと、日が当たらない日かげでは、温度差が250℃を超すこともある。そのため、宇宙船から外に出るときには、特殊な宇宙服を身につける。一方で、厳しい宇宙空間には、満天の星空が広がっている。

③ 宇宙開発

宇宙開発というと、とかくロケットや宇宙ステーションが連想されるかもしれないが、もっとわれわれの日常生活に身近なものもある。たとえば、毎日の天気を予報するために地球の雲のようすを観測する気象衛星「ひまわり」、車のカーナビゲーションなどで使用されるGPS衛星などがその例だ。

本格的な宇宙開発がはじまったのは、20世紀のロバート・ゴダード（1882〜1945）からだ。世界最初の液体燃料ロケットの打ち上げ成功である。そして第二次世界大戦後、ソ連とアメリカは国家の威信をかけて、人類を宇宙へ送り出す競争をはじめ、宇宙開発が急速に進んだ。ソ連による世界初の人工衛星打ち上げ（1957年）、ソ連のユーリ・ガガーリンによる世界初の有人宇宙飛行（1961年）などを経て、アメリカのアポロ11号の月着陸が、20世紀の宇宙開発の最大の山場であった。その後、スペースシャトルの時代を経て、現在は宇宙開発の新しい段階に入った時期といえるだろう。

図表 8-2 アポロ11号月面着陸 ©NASA

▶ 日本の宇宙開発

日本の宇宙開発は、1955年、東京大学の糸川英夫教授らによるペンシルロケット実験の成功から出発した。実験では、全長23cm、直径1.8cm、重さ0.2kgのペンシルロケットに13gの推進剤を詰めて、水平で発射し、140m/秒の速度を達成した。その後、宇宙航空研究所と宇宙開発事業団が、それぞれ主に科学衛星と実用衛星を打ち上げるために、ロケット開発を独自に進めてきた。2003年の合併後は、宇宙航空研究開発機構（JAXA）がロケット・人工衛星の開発や宇宙飛行士の育成を担っている。ロケットの燃料には大きく分けて、固体燃料（主にM-Vシリーズ）、液体燃料（主にH-IIシリーズ）があり、現在では、技術研究・商業のどちらにとっても使いやすく信頼性の高いロケットとして液体燃料タイプのH3ロケットの開発が進められている。ちなみに、日本最初の人工衛星は1970年に打ち上げられた「おおすみ」であり、日本は衛星を自力で打ち上げた世界で4番目の国である。

ペンシルロケット ©JAXA

▶ **真空**☞用語集

▶ **宇宙線**☞用語集

8章 **2**節 宇宙飛行士のお仕事

ポイント 宇宙飛行士が宇宙でおこなっているコトってなんだろう？ どんなトコロでどのように過ごしているのだろう？ ここでは宇宙飛行士の仕事や仕事場（国際宇宙ステーション）、そして宇宙ならではの実験について紹介しよう。

プラスワン

宇宙船内で紙飛行機を飛ばしたら？

地上で紙飛行機を飛ばすと、下向きに引っ張る重力と、上に飛ぼうとする翼の揚力のバランスで滑空する。一方、宇宙空間では、下に落ちようとする重力が働かないので、翼の揚力だけになり、上へ上へと向かおうとして、紙飛行機は宙返りしてしまう。

▶ **有人宇宙飛行**

1961年、初めて人類の宇宙飛行が実現した。このとき「地球は青かった」の名言を残したのが宇宙飛行士■ ガガ リン（ソ連）である。1969年に、アポロ11号（アメリカ）が静かの海と呼ばれる月面の平地に着陸し、2人の宇宙飛行士が月へ降り立った。これは、「人類にとって大きな一歩」であった。現在では、月への有人宇宙探査はおこなわれていないが、アメリカを中心として火星の有人探査計画が検討されている。すでに、火星の有人探査を視野に入れたアポロ宇宙船に似たカプセル型の「ORION」の地球周回無人

① 宇宙で何をするの？

　宇宙飛行士の仕事は、スペースシャトルの運用、国際宇宙ステーションの組立て、さまざまな実験や、天体および地上（！）の観測など、きわめて多種多様。宇宙船内だけでなく、船外、つまり宇宙空間で、スペースシャトルや人工衛星の修理をおこなうこともある。

　では、どのような実験がおこなわれているのだろうか？ 宇宙空間は無重力環境が簡単につくれる、真空の世界だ。このような環境下では、地上では普通混ざりにくい比重の違う物質が均等に混ざり合う点を利用した新しい材料の開発や、光通信やレーザー機器に必要な純度の高いガラスの作成が可能となる。さらに、宇宙メダカや宇宙酵母などの生物を無重量状態に置くことで、生物が重力をどのように利用して生きているのか、地上とは異なる環境に生物がどのように適応するか、などを調べる実験も進められている。このように、宇宙の特殊な環境を生かすと、地上ではできないさまざまな技術開発が実現できる。

図表 8-3　宇宙飛行士の船外活動のようす ©JAXA/NASA

② 国際宇宙ステーション

　国際宇宙ステーション（International Space Station；ISS）は、アメリカ、ロシア、日本、などの15カ国が協力して進めている巨大な国際プロジェクトだ。ISSは、地上から高さ350kmほどの宇宙空間にあり、地球のまわりを1周約90分の速さ（時速約2万8000km）で回っている巨大な宇宙実験施設である。ISSは、さまざまな国々の宇宙飛行士が6名体制（約半年ごとに交代）で運用をおこなっている。生活や実験をおこなうための空間と太陽電池パネルなどさまざまな施設を備え、サッカー場ほどの広さをもつ。このISSで、無重力（微小重力）、高真空、放射線、広大な視野、豊富な太陽エネルギーなど、地上にはない特殊な環境を利用した多彩な実験が実施されている。ISSの施設のひとつが日本の実験棟きぼうである。

　ところで、この国際宇宙ステーション、遠い宇宙空間を飛んでいるような気になるが、地表で言うと東京から仙台までの距離に過ぎない。地球の直径は約1万2000kmなので、地球をリンゴとするとその皮から頭を出した程度の近さといえる。

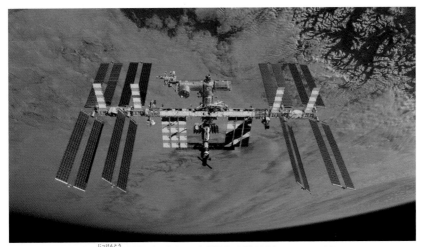

図表 8-4　ISSと日本の実験棟「きぼう」。中央上の左側部分が「きぼう」。©JAXA/NASA

図表 8-5　実験棟「きぼう」
©JAXA/NASA

飛行試験も成功している。さらに、民間企業による宇宙飛行もすぐそこまできており、宇宙飛行はもはや手の届く世界と言えるかもしれない。

▶ ロケットはどうやって飛ぶのか

空気のない宇宙空間でロケットはなぜ飛ぶのだろうか？ ヒントは、野球場のラッキーセブンでおなじみの、ジェット風船だ。空気を入れていない風船は手を離すと下に落ちるが、ぱんぱんにふくらませた長細い風船は、手を離すと、空気を噴き出しながら、ジェット機のように飛んでいく。風船が飛ぶのは、空気を噴き出した反動によるもので、この力を推力と呼ぶ。ロケットが飛ぶのもこれと同じ原理で、進む方向と反対に高速でガスを噴射することにより、前に進む力をつくっている。

▶ 日本の宇宙飛行士

現在までに11名の日本の宇宙飛行士が宇宙飛行をおこなった。現役の宇宙飛行士は6名である（2023年1月現在）。

▶ 中国の宇宙ステーション

2021年4月29日、中国は宇宙ステーションのモジュール天和の打ち上げに成功した。「大和」は、宇宙飛行士の生活やステーション全体の制御など根幹となる部分で、2つの実験モジュール「問天」と「夢天」が2022年に接続された。さらにその後、宇宙望遠鏡「巡天」モジュールも組み込まれる計画となっている。

8章

③節 天体まで出かけて、天体を直接調べる

ポイント 宇宙へ踏み出したことで、新しい宇宙観測の扉が開かれた。惑星や衛星まで無人の探査機を飛ばして、写真や映像を撮影し、天体の土壌サンプルを採取することが可能となったのだ。ここでは、太陽系の天体を直接探査することを学ぼう。

▶ **月からみた地球の出**

「かぐや」衛星は、動いている「かぐや」から見た月の地平線からの「地球の出」の動画の撮影に成功した（☞ 52 ページ図表 4-1）。

プラスワン

SLIM とはやぶさ 2

「SLIM」は、日本初の月面着陸を目指す無人の小型探査機である。無人機の月面着陸はこれまでも他国で成功しているが、目標地点から数 km ほどずれていた。今回は、小惑星探査機「はやぶさ」などで蓄積した技術を生かして、目標地点から誤差 100m 以下と精度の高いピンポイント着陸に挑戦する予定。もはや月に行くだけではなく、正確に到着するという時代である。期せずして同じ頃、日本の小惑星探査機「はやぶさ 2」は、2018 年、小惑星「リュウグウ」に到着した。こちらのメインイベントは、衝突装置によって人工的なクレーターをつくり小惑星の少し内側の物質を採取することで、イトカワよりも有機物や含水鉱物をより多く含んでいると推測される小惑星を調べることで太陽

---

① 直接探査：一番近い月へ

宇宙探査は、われわれに最も近く身近な「月」からはじまった。月は唯一人類が足を踏み入れた天体でもある。

初めて月を目指した探査機は、1959 年に打ち上げられた「ルナ 1 号」（ソ連）だ。世界初の人工惑星となった探査機でもある。1970 年に「ルナ 16 号」（ソ連）が初めて無人探査機による月の土壌サンプル採取に成功し、その後もさまざまな国による無人探査機が送り込まれている。日本も 2007 年に、月周回衛星「**かぐや**」の打ち上げに成功した。かぐやは、月の上空 100km を回る軌道上で、マイクロバスほどの大きさをもつ主衛星と、2 つの小衛星からなり、月の科学・月から（他天体）の科学・月の環境を調べることを 3 大目標として、アポロ計画以来の大規模で本格的な月探査をおこなった。2023 年度、日本初の月面着陸探査機「SLIM」を次期 X 線分光撮像衛星「XRISM」と一緒に H-ⅡA ロケットで打ち上げる予定である。

② 直接探査：惑星へ

惑星探査は、1962 年からの、金星・水星・火星のマリナー探査機シリーズからはじまった。金星へは、1965 年のベネラ 2 号、マリナー探査機、パイオニア・ビーナス、ビーナスエクスプレスなどが活躍した。

1976 年にバイキングが初めて火星着陸に成功し、赤い岩と砂漠からなる火星表面の写真を撮影した。その後も、水や生命探査の観点から、火星には無人探査機が継続的に送り込まれ、2004 年からはスピリットやオポチュニティ、さらに 2012 年からはキュリオシティ、2018 年 11 月にはインサイト、2021 年 2 月にはパーサヴィアランスが加わった。2023 年 1

120

月現在、NASAはキュリオシティとパーサヴィアランスの2台の火星ローバー（探査車）で地質調査を進めている。軽トラック1台ほどのキュリオシティは火星表面の砂や岩石をすくってその場で解析する、そしてインサイトは火星の内部構造を探査する、いわばロボット地質学者である。これらは、過去に水が存在していた兆候をいくつかとらえた。つまり、現在では荒涼と見える火星も、30〜40億年前の温暖であった時期には大量の水が存在し、地球に似た大気があったとも考えられている。さらに2021年5月に中国の「天問1号」が軟着陸に成功。探査車「祝融号」が探査を開始している。日本でも、火星探査機「のぞみ」、金星探査機「あかつき」が打ち上げられている。「のぞみ」は火星を回る軌道にうまく到達できなかったが、金星の気象を探る「あかつき」は現在、当初の予定よりは大きい楕円軌道を周回している。

　火星より遠くの宇宙探査は、「パイオニアシリーズ」、「ボイジャーシリーズ」が挙げられる。1977年に打ち上げられた「ボイジャー2号」は、木星、土星、天王星、海王星と次々と木星型惑星に接近して写真撮影し、新しい環や衛星、天王星の磁場発見などに貢献した。そして現在では太陽系を脱出し、さらに太陽から遠ざかっている。外惑星探査機としては、1995年から2003年に木星を回る軌道で木星周辺を調査した「ガリレオ探査機」、2004年に打ち上げられ、土星を回る軌道で、土星とその環や衛星などの様々な調査をした「カッシーニ（＋ホイヘンス）探査機や2016年に木星に接近した「ジュノー探査機」などが挙げられる。

　また、火星と木星の間の小惑星帯にある小惑星探査機としては、木星に向かう途中のガリレオ探査機からはじまった。日本の小惑星探査機「はやぶさ」の活躍は、記憶に新しいところだろう。小惑星探査機「はやぶさ2」が、小惑星「リュウグウ」から見事に表面の砂を持ち帰ったことは記憶に新しい。

図表 8-6　スピリットがとらえた火星表面の擬似カラー画像 ©NASA
中央の赤茶けた山のような部分が「Comanche」と名付けられた岩石で、炭酸塩を含む兆候が見つかっている。

系の生命起源に迫ると期待されている。

▶ **火星から見た地球と月**
地球から約2億kmの距離から、マーズ・リコネサンス・オービターがとらえた地球と月の可視近赤外画像。地球の中央辺りに、東南アジアとオーストラリアがあり、植生のために赤みを帯びて見える。

©NASA／JPL-Caltech／Univ. of Arizona

▶ **「パイオニアシリーズ」と「ボイジャーシリーズ」**
☞用語集

▶ **ニューホライズンズ**
冥王星を含む太陽系外縁天体を本格的に探査する初めての探査機。2015年7月、約48億kmもの長旅を経て、7月14日に冥王星の上空1万2500km（地球約1つ分）まで迫り、ひびが入った氷の平原や富士山級の山々などさまざまな冥王星の素顔を明らかにするとともに、フライバイ（接近通過）を成功させた。さらに遠く離れた太陽系外縁天体に向かい飛行を続け、最終的には太陽系を脱出する予定である（☞用語集も参照）。

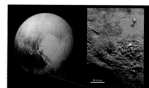

©NASA/JHUAPL/SwRI

4節 宇宙から、宇宙と地球を調べる

ポイント 宇宙には、宇宙空間という抜群の星空環境を生かして、太陽系外の恒星や惑星、銀河、などさまざまな天体を観測する宇宙望遠鏡、そしてわれわれの地球のようすを観測する人工衛星も飛んでいる。ここでは、宇宙から宇宙を観測すること、そして宇宙から地球を調べることを学ぼう。

▶ **現在活躍中の日本の天文観測衛星**

2019年時点では、唯一現役の日本の天文観測衛星である太陽観測衛星「ひので」。2006年以来現在まで太陽の多彩な活動をとらえている。

太陽観測衛星「ひので」(SOLAR-B)
(イラスト:池下章裕)

プラスワン

人工衛星のコードネーム

人工衛星の名前は、一般には「ひので」などの愛称で呼ばれるが、多くの場合、無事ロケットが打ち上がり、衛星が軌道に乗った後に公式に愛称で呼ばれる。開発段階では、英語のコードネームで呼ばれる。たとえば、銀河や星などの天文観測(天文学)は"astronomy"(天文学)からAstroシリーズで、計画順にAstro - A,B,C……と名付けられる。太陽はSOLARシリーズ、惑星はPLANETシリーズ。ちなみに、「はやぶさ」はMUSES - C。MUSESシリーズは工学試験がメインの衛星である。

1 一番近い恒星:太陽

太陽は、われわれから最も近い恒星である。太陽を調べることは、ひいては銀河に数千億個ある恒星、なかでも生命をもつ惑星を従えた恒星の特徴を知ることにもつながる。太陽は、X線から電波などの電磁波やニュートリノと呼ばれる素粒子で盛んに観測がなされている。たとえば、「ソーラーダイナミクスオブザーバトリー(SDO)」はさまざまな波長で太陽の姿をとらえ、リアルタイムに発信している

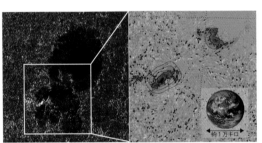

図表8-7 ひのでの可視光磁場望遠鏡がとらえた2006年12月14日の白色光フレア(左)と増光分布(右)。右図は増光成分のみ示し、地球の大きさと比較している。©JAXA / NAOJ

(https://sdo.gsfc.nasa.gov/data/)。日本の人工衛星では「ひので」衛星が現在でも活躍中である。最近では、2021年12月に、「パーカーソーラープローブ」が太陽のコロナへ突入することに成功した。この衛星は、太陽への接近途中のスイングバイの際に、金星の夜側の表面を可視で観測したことも興味深い。

2 恒星から銀河まで

われわれが生きるために必要な大気は、天体観測には邪魔な存在である。宇宙望遠鏡は、地上望遠鏡に対して多額な費用や修理の困難さがあるが、ベール

図表8-8 JWSTがとらえた海王星の画像©NASA、ESA、CSA、STScl

のような地球大気に遮られないために、地上よりも天体がくっきり見える。なかでも、打ち上げ当初の予定を大きく上回る30年以上にわたって活躍しているのが、紫外線から近赤外線までの観測を行なう「ハッブル宇宙望遠鏡」だ。NASAは巨大天文台計画（グレートオブリバトリー）として、ハッブルのほかに、「コンプトン」ガンマ線観測衛星（2000年終了）、「チャンドラ」X線観測衛星、「スピッツァー」宇宙望遠鏡（2020年終了）を打ち上げ、ガンマ線から赤外線まで多波長でさまざまな天体の観測研究に貢献した。最近では、ハッブルの後継機という位置づけのジェイムズ・ウェッブ宇宙望遠鏡（JWST）が打ち上げられ、「ガイア」位置天文衛星が、星の位置や運動、明るさなどの精密な観測で活躍中である。

　日本では、1979年の「はくちょう」衛星以来、「あかり」「すざく」や「ひとみ」衛星が記憶に新しい。近年では、日本やアメリカ一国などではなく、日米欧など国際協力でX、紫外、可視、赤外線のさまざまな望遠鏡が開発中であり、また、月面における天文台も検討されつつある。

③ われわれの住む地球

　われわれの住む地球の気象や地形、植生、鉱物資源の分布だけでなく、自然災害、地球の異変や温暖化などの環境変動の予測を行うために、人工衛星から、地球の陸や海、大気などを観測し、地球規模で調べる研究がなされている。最も身近なものが、気象衛星「ひまわり」だろう。「ひまわり」衛星は、高度約3万6000kmの上空から地球を観測して、地上の各地域の観測データと組み合わせて天気分布を予測し、天気予報の精度を向上させるのに役立っており、現在では、多波長観測からカラー画像を取得できる「ひまわり」8号と9号が活躍中である。一方、地球観測衛星の多くは、高度400〜1000kmほどにあり、一定期間で地球全体を調べる。地球上の資源の探査、環境・災害などの監視、大気や海洋現象の観測などをおこなう。そのため、いろいろなものを見分ける目として、多彩な観測機器を使って、地球を常に見つめている。

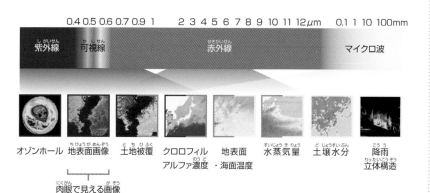

| 0.4 0.5 0.6 0.7 0.9 1　2 3 4 5 6 7 8 9 10 11 12μm　0.1 1 10 100mm |
| 紫外線　可視線　赤外線　マイクロ波 |

オゾンホール　地表面画像　土地被覆　クロロフィルアルファ濃度　地表面・海面温度　水蒸気量　土壌水分　降雨立体構造

肉眼で見える画像

図表 8-9　地球観測衛星の目（センサー）で見える地球

▶ リモートセンシング
用語集

▶ 地球観測衛星でどこまで詳しく見えるの？

地球観測衛星は、目的や用途によって観測機器が異なり、観測する対象によって識別する能力も異なる。たとえば、「だいち」衛星に搭載されているPRISMという機器は、地上にある2.5mのモノまで区別する能力をもっている。ちなみに、アメリカの民間企業が打ち上げた最新の商業衛星では、地上の30cmのものまで見分けることができる。

環境観測技術衛星「みどりⅡ」
©JAXA

▶ JWST（ジェイムズ・ウェッブ宇宙望遠鏡）

6.5mの主鏡（1.3mの六角形鏡18枚）をもつ、宇宙赤外線望遠鏡。ハッブル宇宙望遠鏡の後継機であるが、地球周回軌道ではなく、太陽-地球のラグランジュ点の1つ（L2）におかれ、太陽光を受けにくいように工夫し、さらに高感度で赤外線観測をおこなうために、極低温（絶対零度に極めて近い低温）に冷却し、可視光から赤外線（0.6−28μm）の目をもつ。2021年12月にアリアン5型ロケットで打ち上げられ、2022年7月にNASAによってファーストライト画像（カリーナ星雲：星形成領域、ステファンの5つ子：銀河群、南の環状星雲：惑星状星雲、WASP96-b：太陽系外惑星、SMACS0723：遠方銀河団）が公開された。

宇宙エレベーター

宇宙空間にある構造物から地上に伸びているひもを上がっていくと、ロケットを使わずに宇宙に行ける新しい輸送システムを宇宙エレベーターと呼ぶ。軌道エレベーターとも呼ばれる。『楽園の泉』（アーサー C クラーク）をはじめとする数々の SF 小説や漫画やドラマにも登場し、近年ではその実証化に力が注がれている。『蜘蛛の糸』（芥川龍之介）を思い起こされる方もいるかもしれない。もし、この宇宙エレベーターの開発が成功すれば、スカイツリーも目ではなく、気軽に宇宙に行くことができるようになるだろう。

▶▶▶ ロケットの種類

ロケットには、構造の簡単な**固体燃料ロケット**と、制御が簡単な**液体燃料ロケット**の 2 つの種類がある。一般に小型のロケットには、固体燃料ロケット、大型ロケットや精密な軌道投入をおこなう場合には液体燃料ロケットが使用される。日本では、固体燃料ロケットは宇宙航空研究所で、液体燃料ロケットは宇宙開発事業団で開発された。ちなみに、固体燃料ロケットは、α、β、κ、（ω）、λ、μ と名前を変えながら改良が進み、最後に μV（M-V）ロケットで打ち上げられた衛星が太陽観測衛星「ひので」だ。

▶▶▶ 宇宙飛行士の生活のヒミツ

ふわふわと体が浮かぶ宇宙空間で、宇宙飛行士たちはどのような生活を送っているのだろうか？

人類が宇宙へ行くようになって 50 年、宇宙生活で一番変わったのは食事だ。昔は錠剤やはみがきのようなチューブしかなかったが、改良に改良を重ね、今ではフリーズドライやレトルトパックの惣菜など、地上の食事とあまり変わらないものへと変わってきた。ラーメンやカレーライスやヨウカンなど日本食もあり、国際色豊かな宇宙ステーションでは、数百種類のメニューが用意されている。

睡眠もひと工夫だ。無重量の世界では上下が特にないので、どこでもどんな向きでも寝ることができる。ただし、寝ている間にふわふわと体が浮き上がってしまうため、小さい寝室や寝袋を使って、留め具で体を軽く固定して寝る。

また地上では、重力に耐えるべく筋肉や骨で体を支えているが、宇宙では地上に比べると重力の作用が小さいため、筋肉や骨が弱くなったり、身長が数 cm 伸びたり、血液が減るのにあわせて体重が減ったりと体に変化が現れる。血液が頭の方に上がって顔がむくむことや「宇宙酔い」が起こることもある。地上より多くの放射線を受ける影響も避けられない。さらに、宇宙で病気になると、医療担当の宇宙飛行士が手当をおこなう。

©JAXA/NASA

Question 1

20世紀半ば以降、アメリカとソ連を中心に宇宙開発が本格化した。世界で初めて成功した国がアメリカであったのは、次のうちどれか。

① 初の人工衛星の打ち上げ成功
② 初の有人宇宙飛行
③ 初の宇宙遊泳
④ 初の月面有人着陸

Question 2

宇宙ステーションの中では、重力はなくなってしまうか？

① まったくない
② かすかな重力がある
③ 地上と同じ重力がある
④ 地上の6分の1

Question 3

探査機の名前と目標とする天体の組み合わせが間違っているものはどれか。

① 金星―あかつき
② 月―かぐや
③ 火星―みお
④ 太陽―ひので

Question 4

地球外の物質を持ち帰っていないのは、どの探査機か。

① はやぶさ
② アポロ11号
③ マリナー4号
④ ルナ16号

Question 5

世界で最初の惑星探査機が目指した惑星は？

① 水星
② 金星
③ 火星
④ 木星

Question 6

次のうち、自国で開発したロケットで宇宙に人間を送っていない国はどれか。

① 日本
② アメリカ
③ ロシア
④ 中国

Question 7

夢の技術である宇宙エレベーターについて、間違っていることはどれか？

① 静止軌道にステーションを設け、地上付近までエレベータでつなぐ
② 実現すれば、ロケットよりはるかに低コストで宇宙にものが運べる
③ 月と地球をつなぐ夢の技術である
④ 赤道上に設置するのが基本となる

Question 8

糸川博士は何を開発した人か？

① ペンシルロケット
② ペットボトルロケット
③ 固体燃料ロケット
④ 液体燃料ロケット

Question 9

人類初の有人宇宙飛行を成功させた国と宇宙船の組み合わせのうち、正しいのはどれか。

① アメリカ―エクスプローラ
② アメリカ―マーキュリー
③ ソ連―スプートニク
④ ソ連―ボストーク

Question 10

日本が初めて人工衛星の打ち上げに成功したのはいつか。

① 1960年　② 1970年
③ 1980年　④ 1990年

★ おまけコラム ★

探査史上最遠方の天体

　2019年、ニューホライズンズがとらえた、海王星の外側のカイパーベルトに位置する小天体「アロコス」の姿。探査機がフライバイをし、撮影した天体としては最遠方である。

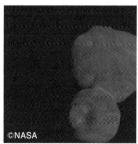

©NASA

Answer 1 ■■■■

❹ 初の月面有人着陸

❶は 1957 年「スプートニク 1 号」によって、❷は 1961 年「ボストーク 1 号」に乗ったユーリ・ガガーリンによって、❸は 1965 年にレオーノフによって、それぞれ達成された。これらは、いずれもソ連がおこなったものである。❹はアメリカのアポロ計画によりアポロ 11 号が 1969 年に達成した。

Answer 2 ■■■■

❷ かすかな重力がある

重力を及ぼす地球から遠くなる分、重力の影響は小さくなるが、0 にはならない。無重力というと誤解を受けやすいので、微小重力とも呼ぶ。

Answer 3 ■■■■

❸ 火星―みお

「みお」は水星の磁場・磁気圏の解明を主な目的とする探査機。初の日欧共同プロジェクトとして、2018 年にフランス領ギアナ宇宙センターから打ち上げられた日本の探査機である。

Answer 4 ■■■■

❸ マリナー 4 号

アメリカのアポロ 11 号は、1969 年 7 月に月に着陸、2 人の宇宙飛行士が人類で初めて月面に立ち、彼らによって月の岩石サンプルが持ち帰られた。1970 年にはルナ 16 号はソ連の無人探査機で、やはり月から土壌サンプルを持ち帰ることに成功した。アメリカの成功に対抗するためだったともいわれている。日本の「はやぶさ」は月以外の天体から初めて岩石サンプルを持ち帰ることに成功した。マリナー 4 号は 1965 年に火星に接近して画像撮影に成功したが火星からサンプルを持ち帰ってはいない。

Answer 5 ■■■■

❷ 金星

惑星探査機は、太陽重力の影響を強く受けるため、地球から見て太陽から遠い火星より、太陽に近い金星の方がより小さなエネルギーで探査機を近くまで送ることが可能である。そのため、最初の探査機は、地球から見て太陽に近い側のとなりの惑星である金星に送られたのである。

Answer 6 ■■■■

❶ 日本

ロシアは前身のソ連時代の 1961 年に世界で初めて、ユーリ・ガガーリンの宇宙飛行を実現させ、アメリカも同じ 1961 年に成功した。中国は 2003 年に自国で開発した神舟号で、ヤン・リーウェイを宇宙に送り出した。日本人は 1990 年の秋山豊寛以来、10 人以上が宇宙に行っているが、すべてアメリカやロシア（ソ連）の宇宙船によってであり、自国で開発したロケットで有人宇宙飛行する技術はない。

Answer 7 ■■■■

❸ 月と地球をつなぐ夢の技術である

宇宙エレベーターは、地上と高度 3 万 6000km の静止軌道とをエレベーターで結ぶ構想である。現在のところ、実現にはまだ遠いが、実現しても地上に対して位置が変化する月にのばすことはできない。ただし、宇宙エレベーターで静止軌道まで上がれば、そこからロケットで月まで行くことになるだろう。その際、地球から月に行くよりも格段に小さなエネルギーで行けることになる。

Answer 8 ■■■■

❶ ペンシルロケット

第二次世界大戦後、日本は軍事転用の恐れのある航空技術の研究開発が禁じられた。1951 年にサンフランシスコ講和条約により平和目的での宇宙航空技術の研究開発が認められたため、東京大学の糸川英夫博士を中心としたグループがロケット実験を再開する。そのときに用いたのが、全長 23cm のペンシルロケットだ。1955 年 4 月、東京都国分寺市で水平発射実験がおこなわれた。

Answer 9 ■■■■

❹ ソ連・ボストーク

1961 年ユーリ・ガガーリン宇宙飛行士を乗せて成功させた。ちなみに、エクスプローラはアメリカ初の人工衛星（1958 年）。マーキュリーはアメリカ初の有人宇宙船（1961 年）。スノートニクは人類初の人工衛星（1957 年）。

Answer 10 ■■■■

❷ 1970 年

1970 年 2 月 11 日、日本初の人工衛星である「おおすみ」が L－4S ロケット 5 号機によって打ち上げられた。十数時間で電池切れとなり、運用を終了したが、その後 33 年間地球を回り続け、2003 年に大気圏へ突入し燃え尽きた。

用語集

あ行

▶ 1m

地球の周囲は、ほぼ４万kmである。これは偶然ではなく、地球表面の子午線上で、北極から赤道までの長さの1000万分の１というのが、もともとの1mの定義だったのだ。現在では1mの長さはもっと精密に決められている。

▶ 渦巻腕（渦状腕）

天の川銀河を含め渦巻銀河・棒渦巻銀河において、中心から周辺部に向かって渦巻のように見える目立つ形状。若く明るい星や星雲が集まっている。非常に目立つが、星の数自体は、平均より５％ほど多いぐらい。天の川銀河の主要な渦巻腕であるペルセウス腕といて腕の間のオリオン腕に太陽はある。

▶ 宇宙線

宇宙から飛来する高エネルギー粒子の総称。一番多いのは超高速の陽子だが、中性子やパイ中間子、ミュー粒子、電子など、さまざまな粒子が含まれている。

▶ au ☞天文単位

▶ オゾン層

酸素原子２個が結合した酸素に対して、酸素原子３個から構成されるオゾンは酸素の同素体である。オゾンは、強い紫外線で酸素分子が分解した酸素原子が別の酸素分子と結合することによって、生成される。大気中のオゾンは成層圏（約10～50km上空）に約90％存在している。この、いわゆるオゾン層は、生命体に有害な紫外線を吸収して地上の生態系を保護するとともに、大気を加熱するため、成層圏では上空ほど温度が高い。火星や金星にもオゾン層の存在を示す兆候が見つかっているが、生命の存在する地球のような濃いオゾン層はない。これは、地球に生命体由来の酸素が多いからと考えられており、生命惑星か否かを調べるのにオゾン層はひとつの手がかりになると期待されている。ちなみに、オゾンは、ギリシャ語の「ozein（におい）」という言葉に由来しており、ガスは特有の臭気をもつ。

か行

▶ 火星の大接近

地球は火星の内側をより速く公転しているため、約２年２カ月ごとに火星を追い抜き、そのたびに火星に接近する。しかし、火星の軌道がゆがんでいるので、接近する場所によって約5600万kmにまで近づく大接近から、約１億kmしか近づかない小接近まで、およそ２倍の差がある。

▶ 干渉計

遠く離れた複数の電波望遠鏡で受信した電波信号を非常に精密に合成することで、望遠鏡同士の距離と同じくらいのサイズをもった電波望遠鏡に匹敵する性能を発揮する電波望遠鏡システムのこと。もともと電波望遠鏡で開発されたが、現在では、可視光などでも干渉計システムが実現している。

▶ 軌道傾斜角

黄道面に対する惑星の軌道面の傾き具合。黄道は地球から見た太陽の通り道、つまり太陽のまわりを回る地球の通り道でもあるので、地球の軌道傾斜角は０°。

▶ 巨大黒点

太陽表面で温度が低い領域を黒点と呼ぶ。複数の黒点が集まったものが巨大黒点（あるいは黒点群）。

▶ ケレス

火星と木星の間に初めて天体が発見されたのは1801年。直径約950kmのケレス（セレス）だ。小惑星帯で最大の大きさを誇る。しかし、ケレスは十分に大きく球状の形をしていることから2006年に準惑星という新たな分類ができたときその仲間に加えられた。

ケンタウルス座 α 星

バイエル符号は α Cen。太陽からの距離は約 4.3 光年。−0.3 等星で、全天ではシリウス、カノープスに次いで 3 番目に明るい。その実体は、ケンタウルス座 α 星 A、ケンタウルス座 α 星 B、ケンタウルス座 α 星 C の 3 つの恒星からなる 3 重連星。ケンタウルス座 α 星 A（固有名はアラビア語でケンタウルスの足という意味のリギル・ケンタウルス）とケンタウルス座 α 星 B（固有名トリマン）は比較的近くにあり、この 2 つの恒星は見かけ上 1 つに見える。ケンタウルス座 α 星 C（固有名は近いという意味をもつプロキシマ・ケンタウリ）は、2° ほど離れた位置にある 11 等級の暗い恒星であり、ケンタウルス座 α A、B のまわりを回っていることが 20 世紀の初めに明らかになった。

玄武岩

地球の表面で最も一般的に見られる火成岩の一種で黒っぽい。地下にある比較的さらさらとしたマグマが急激に冷えて固まったもの。

恒星・惑星・衛星

非常に巨大なガス球で自ら光り輝いている天体を恒星と呼ぶ。恒星のまわりを回っている自分では光っていない比較的大きな天体が惑星。さらに惑星のまわりを回っている小さな天体が衛星。

公転運動

ある天体が別の天体のまわりを回る運動を公転運動という。地球などの天体は丸い軌道を描いて運動していると思っている人が多いが、正確にいうと円ではなく楕円だ。地球の軌道も楕円だが、そのゆがみはそれほど大きくはない。

光年

光が 1 年かかって進む距離を 1 光年と呼ぶ。1 光年は、約 9 兆 4600 億 km であり、約 6 万 3000 天文単位である。

五行思想

陰陽説と並ぶ古代中国の世界に関する考え方（後に、合体して、陰陽五行説となる）。五行思想では、万物は、木・火・土・金・水の、5 種類の元素からなると考えた。天界も 5 種類の元素が支配していると考えて、五惑星に対応させられた。天文の世界には古代の思想や神話に由来する名前が随所に残っている。

コロナ

日食のときに見られるコロナは太陽の外側に広く広がる薄いが、超高温の大気だ。普段は太陽本体がまぶしすぎて見ることはできない。

さ行

朔望月

月の満ち欠けの周期で、29.5306 日。

自己重力

質量をもった物体が他の物体を引きつける力が重力。大きな物体が自分の質量で自分自身を引き寄せあうのを特に自己重力と呼ぶ。

十干十二支

甲（きのえ）、乙（きのと）、丙（ひのえ）、丁（ひのと）、戊（つちのえ）、己（つちのと）、庚（かのえ）、辛（かのと）、壬（みずのえ）、癸（みずのと）を十干という。子（ね）、丑（うし）、寅（とら）、卯（う）、辰（たつ）、巳（み）、午（うま）、未（ひつじ）、申（さる）、酉（とり）、戌（いぬ）、亥（い）を十二支という。
合わせて十干十二支、あるいは干支という。陰陽五行説に由来する言葉で、方位や時刻などに使われた。

視半径

地球から見た天体の見かけの大きさを視直径（全体）または視半径（視直径の半分）といい、角度で表す。月の視半径は約 0.25 度角 =15 分角 =900 秒角である。天体の実際の大きさが大きいほど、また地球からの距離が近いほど視半径は大きい。最大視半径は惑星が地球に最も近づいたときの大きさ。

斜長岩

ケイ素の多い斜長石という

鉱物を多く含む火成岩の一種で、マグマより密度が小さく、白っぽい。

▶ 周極星

ある観測地点で一日中沈まない星々。東京付近では北極星から角度で約35°以内の星々が周極星になる。

▶ 春分点

春分のときに太陽がある方向の天球上の1点。

▶ 初代の星

宇宙のごく初期に形成された星のこと。現在の星は窒素や酸素などの重元素を含むが、宇宙の最初は水素とヘリウムしかなかったので、初代の星は水素とヘリウムだけからできていた。そのため、現在の星よりもかなり大きかったと推定されている。

▶ シリウス

おおいぬ座 α 星でバイエル符号は αCMa。－1.5等の青白い星で、太陽を除けば、全天で最も明るい恒星。地球からの距離は8.6光年。古代エジプトではナイル川氾濫を知らせる星として重要であった。中国名は天狼星。

▶ 真空

高い山の上では海の上より、空気の量が少なくなる。たとえば、すばる望遠鏡のあるマウナケア山（ハワイ）の頂上では、ふもとの2/3しか空気がない。より高いところ、上空にのぼるほど空気は薄くなっていく。そして空気がほとんどないよう

な状態を真空と呼ぶ。

▶ 人工衛星

惑星のまわりを回る小天体を衛星と呼ぶが、人の手によって惑星のまわりを回る軌道に投入された物体を人工衛星と呼ぶ。同様に、太陽のまわりを回る軌道に投入された物体は人工惑星と呼ぶ。

▶ 星食

恒星が月などの天体の背後に隠れる現象は星食または掩蔽と呼ばれる。黄道付近にある1等星（スピカやアルデバランなど）も月に隠されることがある。

▶ 世界

宇宙と似た言葉に世界がある。こちらは"界"が空間を、"世"が時間を表している。たとえば、前者の例としては天界や地界や境界などがある。一方、世代や中世・近世など、時間の概念が含まれる言葉も多い。

▶ 赤道重力

赤道半径で測った場合の表面重力。天体を球形と考えた場合、表面重力は質量に比例して、半径の2乗に反比例する。しかし、実際の天体は完璧な球対称ではない。たとえば自転によって生じる遠心力で天体が扁平し赤道方向に膨らんだ形となると、極よりも赤道上での重力の方が小さくなる。

● た 行 ●

▶ 太陽系

太陽と、そのまわりを回っ

ている天体すべてを太陽系という。

▶ 太陽系外縁天体

海王星よりも遠くに存在する天体。観測技術の進歩によって1992年以降次々と発見され、現在は3000個以上発見されている。特に、冥王星、エリス、マケマケ、ハウメアは太陽系外縁天体でもあり、かつ準惑星でもある。そのような天体は、冥王星のような特徴をもつことから冥王星型天体とも呼ばれる。

▶ 太陽質量

星などの天体は非常に重いので、太陽の質量を基準に考えるととらえやすくなる。そこで、太陽の質量を「太陽質量」としてkgなどのような単位と同等の扱いをする。1太陽質量＝約2×10^{30}kgに等しい。

▶ （太陽の）日周運動

東から昇り南の空を通って西へ沈む、太陽の1日の動きを太陽の日周運動という。

▶ 太陽面通過

金星の太陽面通過は1882年以来、2004年6月8日と2012年6月6日に起こった。しかし、その次はなんと（！）その105年後の2117年まで起こらない。水星の場合は2032年に起こる。

▶ 地殻

地殻とは固い地面（一般的には岩石）をもつ天体の表層部のこと。その下はマントルと呼ばれる。地球の場合、平均的な地殻の厚さは

海で 10km 未満、大陸で
50km 程度である。しかし
月の地殻は表と裏で違い、
表側は約 60km、裏側は約
100km の厚みがある。

▶（地球の）空気

酸素分子が約 20％で窒素
分子が約 80％を占める。
その他にアルゴン（約 1％）
や二酸化炭素（0.04％）、
水蒸気や塵、煙などの微粒
子などが含まれている。

▶（地球の）公転

太陽のまわりを地球が回る
回転運動を地球の公転とい
う。太陽のまわりの地球の
公転から 1 年が定まった。

▶（地球の）自転

北極と南極を通る仮想的な
直線（地軸）を軸として地
球が回転する運動のこと。
1 日に 1 回転、つまり 24
時間で 1 回転していると
考えて大きな問題はない。
ただし、厳密には 23 時間
56 分 4 秒で 1 回転してい
る。地球の自転を証明する
実験は「フーコーの振り子」
が有名である。

▶ 地軸（自転軸）

地球の北極と南極を貫く仮
想的な軸で、地球の自転運
動の中心軸。

▶ 天球

天体の動きをイメージしや
すいように、地上を球です
っぽり覆ってしまったと仮
定した想像上の球。実際の
空をプラネタリウムのよう
に半球の内側を見ていると
考える。

▶ 電磁波

電波や X 線など、光（可
視光）の仲間を総称して電
磁波と呼ぶ。電磁波の種類
には、波長の長いものから、
電波・赤外線・可視光（目
に見える光）・紫外線・X 線・
ガンマ線などがある。電磁
波は真空中を光の速さ（光
速）で伝わる（水の中だと
光速の 75％ ぐらいにな
る）。

▶ 天文単位

1 天文単位の長さは約 1 億
4960 万 km である。もと
もとは、地球から太陽まで
の平均距離（地球の公転軌
道の長半径）として与えら
れた長さの単位。地球の一
周が 4 万 km なので、1 桁
の概数で表せば、1 天文単
位は地球一周の約 4000
倍、地球直径の約 1 万倍と
なる。太陽は地球の大きさ
から考えて、すでに遠くに
ある天体である。記号では
au と表記する。

● **な行** ●

▶ 内惑星・外惑星

地球の軌道よりも内側を公
転する惑星（水星・金星）
を内惑星と呼ぶ。地球の外
側の軌道を公転する惑星
（火星・木星・土星・天王星・
海王星）を外惑星と呼ぶ。
外惑星は地球をはさんで太
陽と反対側の位置にくるこ
とがあるので真夜中でも見
られるが、内惑星は真夜中
には見られない。内惑星が
見られるのは日の出前の東
の空か、日の入後の西の空
である。

▶ 南中

太陽が真南にくること。太
陽が南中する時刻は東にあ
る地点ほど早い。日本は東
端と西端では経度にして約
31°の差があり、太陽が南
中する時刻を正午とすると
日本各地で正午が異なって
都合が悪い。そのため、日
本では東経 135°（日本標準
時子午線）の地点で太陽が
南中する時刻を正午とし、
日本の標準時としている。

▶ ニューホライズンズ

冥王星を含む太陽系外縁天
体を本格的に探査する初め
ての探査機。打ち上げたとき
には、「最遠の惑星」を目指
していたが、その後、冥王星
は準惑星に変更された。

▶ 年周運動

1 年を通じた天球上での
星々の動きを（星の）年周
運動という。

▶ 年周視差

星座を形づくる星々は、地
球の公転によって見かけの
位置を変える（☞ 2 級 8 章）。
近距離にある星は、遠距離
にある多くの星々の並びを
背景に、環を描いて動くよ
うに見える。この動きを年
周視差と呼び、この環の長
半径にあたる部分を角度で
表現する。全天で一番大き
く動く恒星の年周視差でも
1 秒角に満たない。たとえ
ばベガの年周視差は 0.13"
（秒角）である。夜空の星
のまたたきは、地球大気に
よる光路の揺らぎである。
この揺らぎは大体 1 〜数
秒角。年周視差は、星のま
たたきに埋もれているの

だ。年周視差を導くには、慎重で精密な測定が必要である。

は行

▶ パーセク

天体までの距離を表す単位。地球からある恒星を観測したとき、年周視差が 1"（秒角）になる距離を 1 パーセクと定義する。1 パーセクは 3.26 光年である。

▶ パイオニアシリーズとボイジャーシリーズ

これらの探査機は、地球からのメッセージを乗せて太陽系を脱出し、より遠い宇宙へ飛行を続けている。地球や人類の姿などを線画で表す簡単な図解で、われわれの存在を示している。

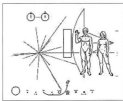

パイオニア 10 号、11 号に取り付けられた金属板（絵柄）。
©NASA

▶ 白道

天球上の月が動いていく道筋のこと。白道は、黄道に対して約 5°傾いているので、天球上の 2 点で交わる。そして、この交点は黄道に対して約 19 年で 1 周する。

▶ 半影食

半影は影が淡いので、そこに月が入っても肉眼では識別することが難しい。月食は通常は本影食のことをいう。

▶ 反射能

天体に当たった光の何割を反射するかという特性。天体の表面が太陽光を反射しやすい性質かどうかにも関係する。たとえば岩石よりも氷の方が反射能が高い。

▶ 秒角

角度の角度の単位。1"（1 秒角）は 1'（1 分角）の 60 分の 1 で、1'（1 分角）は 1°（1 度）の 60 分の 1 だ。つまり、1°の 3600 分の 1 が 1"となる。

▶ 秤動

地球に向ける月の方向が首を振るように少しだけ変化する運動のこと。

▶ 微惑星

太陽が誕生したばかりの頃、太陽のまわりにはガスや塵が取り巻いていたと考えられている。やがてその塵が集まり直径 1 ～ 10km くらいの塊がたくさんできた。それらが微惑星であり、惑星が形成されるときの材料となったと考えられている。

▶ （星の）日周運動

東から昇り南の空を通って西へ沈む、1 日を通した星々の動きを、星の日周運動という。

ら行

▶ 離心率

天体の軌道の形を表す数値。数値が大きいほど楕円軌道がつぶれた形であることを示し、数値が小さいほど円に近い軌道であること

を表す。

▶ リモートセンシング

人工衛星や飛行機、気球などにのせた観測機器を利用して、離れた場所から地球表面に直接触れずに観測する技術をリモートセンシングという。天体観測はすべてリモートセンシング法を使っている。

▶ 連星

互いに重力で結びつき、共通重心のまわりを公転し合っている恒星の系のこと。2 つの恒星からなる連星の場合もあるが、3 つ以上の、多くの恒星からなる連星もある。

わ行

▶ 惑星の満ち欠け

望遠鏡で金星を拡大すると丸い形に見えない。金星も月のように満ち欠けしているからだ。（☞ 4 章 3 節③）地球と太陽の間に金星があるときは新月の状態となり見えず、満月の状態のときの金星は、地球から見て太陽の向こう側にあるためやはり見えない。金星が見やすい位置にあるときは、半月や三日月の形をしているのだ。また、地球に近い時は大きく、遠い時は小さく見える。内惑星である水星も満ち欠けをする。外惑星もほんのわずかに満ち欠けしている。

金星の満ち欠け © 国立天文台

索引

執筆者一覧 (五十音順)

大朝由美子（おおあさゆみこ）.....................8章担当　埼玉大学教育学部／大学院理工学研究科天文学研究室准教授

株本訓久（かぶもとくにひさ）.....................7章担当　武庫川女子大学生活環境学部准教授

富田晃彦（とみたあきひこ）.....................6章担当　和歌山大学教職大学院教授

仲野　誠（なかのまこと）.....................4章担当　大分大学名誉教授

成田　直（なりたなお）.....................3章担当　川西市立多田小学校教頭

福江　純（ふくえじゅん）.....................1、2章担当　大阪教育大学名誉教授

室井恭子（むろいきょうこ）.....................5章担当　元国立天文台天文情報センター広報普及員

株式会社フォトクロス／アストロ・アカデミア...各章冒頭・見開きグラビア担当

監修委員 (五十音順)

池内　了（いけうちさとる）.........総合研究大学院大学名誉教授

黒田武彦（くろだたけひこ）.........元兵庫県立大学教授・元西はりま天文台公園園長

佐藤勝彦（さとうかつひこ）.........東京大学名誉教授・明星大学客員教授

沢　武文（さわたけやす）.........愛知教育大学名誉教授

柴田一成（しばたかずなり）.........京都大学名誉教授・同志社大学客員教授

土井隆雄（どいたかお）.........京都大学特定教授

福江　純（ふくえじゅん）.........大阪教育大学名誉教授

松井孝典（まついたかふみ）.........千葉工業大学学長・東京大学名誉教授

吉川　真（よしかわまこと）.........宇宙航空研究開発機構准教授・はやぶさ2ミッションマネージャ

図表6-9　M 31

　DSS（Digitized Sky Survey ディジタイズド・スカイ・サーベイ）のウエブ・サイトを活用した。図のキャプションあるいは本文中の説明にDSSと記してある。DSSは宇宙望遠鏡科学研究所（STScI; Space Telescope Science Institute; http://www.stsci.edu/）が運営している。DSS画像のうち、POSS-Iサーベイと呼ばれるサーベイによる画像を利用した。これらの画像はパロマー天文台と宇宙望遠鏡科学研究所が版権を持っている。国立天文台がDSSのミラー・サイトを持っている（http://dss.nao.ac.jp/）。この国立天文台のサイトでは、DSS Wide-Field（広視野）というサービスも提供している。

　Use of this Starfield image reproduced from the Digitized Sky Survey © AURA is courtesy of the Palomar Observatory and Digitized Sky Survey created by the Space Telescope Science Institute, operated by AURA, INC. for NASA and is reproduced here with the permission from AURA/STScI.

版権所有
検印省略

天文宇宙検定　公式テキスト 2023～2024年版
3級 星空博士

天文宇宙検定委員会　編

2023年3月8日　初版1刷発行
2024年9月18日　第2刷発行

発行者　　　片岡　一成
印刷・製本　中央精版印刷株式会社
発行所　　　株式会社恒星社厚生閣
　　　　　　〒160-0008　東京都新宿区四谷三栄町3番14号
　　　　　　TEL　03（3359）7371（代）
　　　　　　FAX　03（3359）7375
　　　　　　http://www.kouseisha.com/
　　　　　　http://www.astro-test.org/

ISBN978-4-7699-1693-2 C1044

（定価はカバーに表示）